基礎からわかる
数学

2

はじめての
線形代数

小林道正［著］

朝倉書店

まえがき

大学で数学といったとき，微分積分と並んで大事な分野が「線形代数」というのが一般的である．

高等学校の数学でいうと，「ベクトル」の発展したものである．ただし，「矢線」のイメージだけでなく，「たくさんの数量を一度に扱う」というイメージの方がわかりやすい．

世の中では縦と横に並んだ表がいたるところで扱われているが，これは線形代数で扱う，「行列」にほかならない．したがって，線形代数は自然科学だけでなく経済学や医学，心理学，教育学等あらゆる社会科学や人文科学でも扱われる．

「表計算」というと，いろいろなコンピュータソフトとも関係している．いまやパソコンであっという間に計算結果が出てくる時代により，その背景にある計算の原理を理解していないととんでもない間違いに気がつかないことにもなりかねない．表計算ソフトの計算原理を知るのも線形代数を学ぶ目的の一つである．

本書は，理工系学生だけでなく，文化系学生の利用も念頭に置いて，わかりやすい説明をこころがけている．高校時代に数学が苦手だと感じていた学生でも，本書を見れば，「数学も理解できるかも」と思ってもらえよう．ある意味，中学生でも本書を学ぶことは可能であろう．

これには，長年，経済学部の学生に講義してきた経験を活かしているが，もちろん理工系の学生にも十分に役立つであろう．理工系の学部の線形代数はどちらかというと抽象的すぎて基本となる概念さえ理解しにくい講義やテキストが多い．そんなときは，まず，本書で基本的な概念を学んでから理工系の本で学んだり講義を受けるとよいだろう．

本書にはご覧の通り図がたくさん入っている．抽象的に見える線形代数を少しでも視覚的に表現し，具体的なイメージと結びつくように工夫してある．本書が数学を敬遠していた学生や，大学で線形代数を教えるのに苦労されている先生方のお役に立つことを切に願っている．

2011 年 3 月

小 林 道 正

目　次

第 II 部　ベクトル・行列の発展編

第1章　ベクトル

1.1　量と数

「ベクトルというのは数がいくつかまとまって 1 つになった抽象的な物」であり，これでは何のことかよくわからない．具体的にはどういうものか，現実に存在するもので表すとどのようなものかがわからないとベクトルもわからないことになる．

この関係は数についても同じで，「3」という数はそれだけでは何を表しているかが必ずしもはっきりしない．

数学が日常生活に使われたり，自然科学や社会科学のいろいろな分野で活用されるときには，「数」は「量」として扱われる．量と数の関係は式 (1.1) によって見当がつくのではないだろうか．

$$3 = \{\ \square, \square, \square\ \} = \begin{cases} 3\text{ 人} \\ 3\text{ 冊の本} \\ 3\text{ 個のコップ} \\ \cdots \\ \cdots \end{cases} \tag{1.1}$$

3 人とか，3 冊の本とか，3 個のコップは実際に目で見たりさわったりできる具体的な量である．現実に目の前にある物である．肉眼の目では見えなくても，ある軌道には電子 3 個が回っているという場合でもよい．これらは物理の話になるし，ある国の予算が 3 億ドルであるといえば経済や政治の話になる．

数の 3 は，このようないろいろな分野に出てくる多様な種類の量の大きさの側面を抽象的に表している．抽象的な物というのはそれだけで単独には存在し得ないので，3 そのものを手に取ってみせるわけにはいかない．抽象的な数の 3 は，いつもある具体的な量の形を取って現れるのである．式の中にある正方形 (タイル) は抽象的な数と具体的な量のなかだちをしてくれる．形や大きさを持った具体的な量には違いないが，無味乾燥なのでほとんど具体性は問題にならない．その意味で，タイルは半分抽象的で半分具体的という中間的な性格を持っている．この性格が，数学教育の中でタイルが重要な働きをする理由になっている．

$$\text{数 (数学の対象)} \iff \text{量 (諸科学の対象)} \tag{1.2}$$

数学というのは，どんな分野の量にも使えるように数についての一般的なことを調べたりするのであるが，数学を他の分野に使う場合には，量として使うので量と数の関係は大事な点である．

数学を学習するときに抽象的なレベルだけの展開でわからなくなったら，具体量にしてみるとよい．ただし，いつも具体量にしていては，能率が悪いしかえってわかりにくいこともある．そのようなときにタイルは大いに有効性を発揮してくれる．

1.2 ベクトル量とベクトル

日常生活や経済の例でいえば,「商品」にはいろいろな量が付随している. 1つの商品, たとえばテレビを買うときはじめにまず価格が問題になろう. 自分の予算の範囲内に収まらなくてはならないがそれを越えてもローンで買えるかもしれない. しかしどれを選ぶか決めるには大きさも大事な要素になる. テレビを乗せる台を考えて重さの制限がある場合もあるかもしれないし, 体積を考えなくてはいけないかもしれない. 最近は液晶テレビが主流になったので, 体積はさほど問題にならなくなってきたが.

このようにテレビという商品には, 価格, 重さ, 体積という3個の大事な量が付随している. 今, 電気店からカタログを取り寄せたら, あるテレビの3個の量は次のようになっていたという. 価格が6万円, 重さが3 kg, 体積が $0.4\,\mathrm{m}^3$ であった.

$$\text{テレビ} = \begin{cases} 6\text{万円} \\ 3\,\mathrm{kg} \\ 0.4\,\mathrm{m}^3 \end{cases} \tag{1.3}$$

テレビという商品にはもっと他のいろいろな量も関係しているが, とりあえずこの3個の量だけを扱う. 価格, 重さ, 体積という3個の量がまとまって1つのテレビという商品の量を表しているとも考えられる. このようにいくつかの量がまとまって1つの物の量的側面を表しているとき, この量を**ベクトル量**または**多次元量**という.

テレビのベクトル量をまとめると次のようになる.

$$\text{テレビのベクトル量} = \begin{pmatrix} \text{価格}\ 6\text{万円} \\ \text{重さ}\ 3\,\mathrm{kg} \\ \text{体積}\ 0.4\,\mathrm{m}^3 \end{pmatrix} \tag{1.4}$$

もう1つのベクトル量の例を挙げよう.

正体不明の飛行物体, つまりUFOが現れて大騒ぎになった. レーダーで追跡したら短時間に, 東へ6 km, 北へ3 km, 上空へ4 kmへ移動していた. これを図示したのが次の図である.

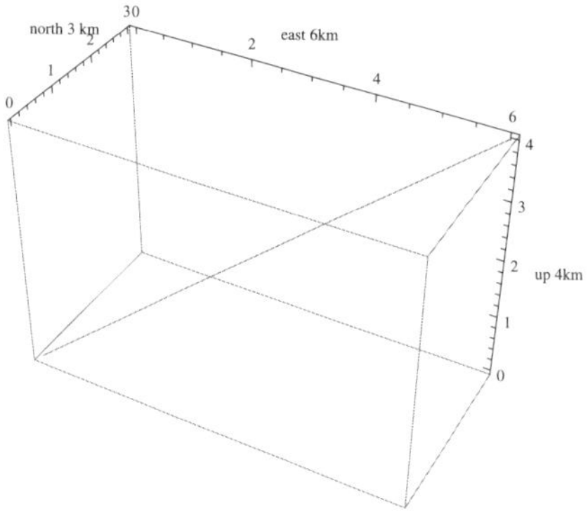

図 1.1

UFOの移動を表すベクトル量をまとめると次のようになる.

$$\text{UFO の移動ベクトル量} = \begin{pmatrix} \text{東へ } 6\,\text{km} \\ \text{北へ } 3\,\text{km} \\ \text{上空へ } 4\,\text{km} \end{pmatrix} \tag{1.5}$$

テレビのベクトル量と UFO の移動ベクトル量という 2 つのベクトル量は何の関係もないが，その大きさの面だけをとると共通性を持っている．はじめにどちらのベクトル量も 3 個の量から出来ている点が同じである．3 個の量は異質ではあるが，それぞれの量の単位が，6, 3, 4 だけあるという点は全く同じである．

数学で扱うベクトルというのは実はこのような数の組のことである．このようなベクトルとベクトル量の関係を表すと次のようになる．

$$\text{ベクトル} \begin{pmatrix} 6 \\ 3 \\ 4 \end{pmatrix} \Longleftrightarrow \begin{pmatrix} \square\,\square\,\square\,\square\,\square\,\square \\ \triangle\,\triangle\,\triangle \\ \heartsuit\,\heartsuit\,\heartsuit\,\heartsuit \end{pmatrix} \Longleftrightarrow \left\{ \begin{array}{l} \begin{pmatrix} \text{価格 } 6 \text{ 万円} \\ \text{重さ } 3\,\text{kg} \\ \text{体積 } 0.4\,\text{m}^3 \end{pmatrix} \\ \begin{pmatrix} \text{東へ } 6\,\text{km} \\ \text{北へ } 3\,\text{km} \\ \text{上空へ } 4\,\text{km} \end{pmatrix} \\ \begin{pmatrix} 6\ \text{a} \\ 3\ \text{b} \\ 4\ \text{c} \end{pmatrix} \\ \quad . \\ \quad . \\ \quad . \end{array} \right. \tag{1.6}$$

ベクトルは横に書いてもよい．

$$(6, 3, 4) \tag{1.7}$$

数の 3 は見せられなかったが，3 人とか，3 個のコップは実際に手にすることができたと同じように，ベクトル (6, 3, 4) は手にすることはできないが，テレビを手に取ったり UFO の移動と同じ移動をすることはできる．

数と量の関係が，ベクトルとベクトル量の関係に発展したのである．これまで小学校からずっと数について学んだが，線形代数ではいくつかの数をまとめたベクトルについて学ぶことになる．

今 3 つの要素で 1 つのベクトルが定まる例を示したが，要素の数はいくつでもよい．またベクトル全体を表すのに 1 文字で $\boldsymbol{a}, \boldsymbol{b}, \cdots, \boldsymbol{x}, \boldsymbol{y}$ などで表してもよい．

ベクトルを文字で表すのに $\boldsymbol{a}, \boldsymbol{b}, \boldsymbol{c}, \boldsymbol{x}, \boldsymbol{y}, \boldsymbol{z}$ などと太字で表したり，$\vec{a}$, $\vec{b}$, $\vec{c}$, $\vec{x}$, $\vec{y}$, $\vec{z}$ などと上に矢線を描いて表すこともあるが，最近は数学や自然科学，社会科学でも単に a, b, c, x, y, z で表すことも多い．本書では太字で表すことにする．初心者は，数とベクトルを区別した方がわかりやすいからである．今後，太字の文字が出てきたらベクトルと思ってほしい．

$$\boldsymbol{a} = \begin{pmatrix} 5 \\ 3 \\ 9 \\ -4 \\ 0 \end{pmatrix}, \quad \boldsymbol{b} = \begin{pmatrix} 23.4 \\ 15.9 \end{pmatrix}, \quad \boldsymbol{x} = (2.1,\ 3.6,\ -4.5,\ -9.1) \tag{1.8}$$

数を一般的に表すには文字を用いるが，ベクトルを一般的に表すには各要素を文字で表す．1 番目の要素, 2 番目の要素, $\cdots$ ということがわかりやすいように次のように表す．

$$\boldsymbol{a} = \begin{pmatrix} a_1 \\ a_2 \\ a_3 \\ a_4 \end{pmatrix}, \quad \boldsymbol{b} = (b_1,\ b_2), \quad \boldsymbol{x} = \begin{pmatrix} x_1 \\ x_2 \\ \vdots \\ x_n \end{pmatrix} \tag{1.9}$$

各要素を**第 1 成分**，**第 2 成分**，$\cdots$ などという．成分の数をそのベクトルの**次元**という．

1.3 ベクトルの和・差

小学校ではじめて数の演算を学ぶのに，抽象的な数の和から入る先生はいないであろう．

$$2 + 3 = 5 \tag{1.10}$$

を説明するのに，2 個のリンゴをのせたお皿と，3 個のリンゴをのせたお皿を持ってきて，それらを一緒にして大きなお皿にのせたら，全部でいくつになるかというような具体的な量の和から入るのが普通である．

$2+3=5$ は，リンゴの量の和だけではなく，渋谷支店でテレビが 2 台売れ秋葉原支店で 3 台売れたとき合計何台売れたかを求めるのにも使える．2 や 3 がいろいろな量の大きさの側面だけを表した抽象的な数であるように，$2+3=5$ も，いろいろな種類の量において 2 つの量をまとめて 1 つにするときの大きさの関係を表現している．

$$\{\ \square,\ \square\ \} + \{\ \square,\ \square,\ \square\ \} = \{\ \square,\ \square,\ \square,\ \square,\ \square\ \} \tag{1.11}$$

これに対してベクトルの和は次のように考えられる．テレビとステレオを購入するとき，価格と重さと体積がどのようになるかを求める．価格は価格どうし，重さは重さどうし，体積は体積どうし足すのが当然の計算となる．

$$\text{テレビ} + \text{ステレオ} = \begin{pmatrix} \text{価格 } 6 \text{ 万円} \\ \text{重さ } 3\,\text{kg} \\ \text{体積 } 0.4\,\text{m}^3 \end{pmatrix} + \begin{pmatrix} \text{価格 } 8 \text{ 万円} \\ \text{重さ } 6\,\text{kg} \\ \text{体積 } 0.8\,\text{m}^3 \end{pmatrix} = \begin{pmatrix} \text{価格 } 14 \text{ 万円} \\ \text{重さ } 9\,\text{kg} \\ \text{体積 } 1.2\,\text{m}^3 \end{pmatrix} \tag{1.12}$$

これらのベクトル量の和の例をもとにして，ベクトルの和や差を次のように定義しておく．

$$\boldsymbol{a} \pm \boldsymbol{b} = \begin{pmatrix} a_1 \\ a_2 \\ a_3 \\ \vdots \\ a_n \end{pmatrix} \pm \begin{pmatrix} b_1 \\ b_2 \\ b_3 \\ \vdots \\ b_n \end{pmatrix} = \begin{pmatrix} a_1 \pm b_1 \\ a_2 \pm b_2 \\ a_3 \pm b_3 \\ \vdots \\ a_n \pm b_n \end{pmatrix} \tag{1.13}$$

次に小売り電気店で，同じテレビを 3 台仕入れるときの金額と重さと体積を求めるには各要素を 3 倍すればよい．

$$\boldsymbol{a}=\begin{pmatrix}\text{価格 1 台当たり 6 万円}\\ \text{重さ 1 台当たり 3 kg}\\ \text{体積 1 台当たり 0.4 m}^3\end{pmatrix}\text{のとき，}$$

$$3\boldsymbol{a}=\begin{pmatrix}\text{金額 }3\times 6\text{ 万円}\\ \text{重さ }3\times 3\,\text{kg}\\ \text{体積 }3\times 0.4\,\text{m}^3\end{pmatrix}=\begin{pmatrix}\text{金額 18 万円}\\ \text{重さ 9 kg}\\ \text{体積 1.2 m}^3\end{pmatrix} \tag{1.14}$$

この量の例から，ベクトルの実数倍を次のように定める．

$$\boldsymbol{a}=\begin{pmatrix}a_1\\ a_2\\ a_3\\ \vdots\\ a_n\end{pmatrix}\quad\text{のとき，}\quad k\boldsymbol{a}=\begin{pmatrix}ka_1\\ ka_2\\ ka_3\\ \vdots\\ ka_n\end{pmatrix} \tag{1.15}$$

全部の要素が 0 のベクトルは零ベクトルと呼ばれる．4 次元の零ベクトルは次のようなベクトルである．

$$\boldsymbol{0}=(0,0,0,0) \tag{1.16}$$

[例題 1]

次のような 2 つのベクトル $\boldsymbol{a}$，$\boldsymbol{b}$ に対してベクトル $3\boldsymbol{a}-2\boldsymbol{b}$ を求めよ．

$$\boldsymbol{a}=\begin{pmatrix}5\\ 8\\ -2\\ 0\end{pmatrix},\quad \boldsymbol{b}=\begin{pmatrix}-7\\ 1\\ 8\\ 9\end{pmatrix} \tag{1.17}$$

[解]

$$3\boldsymbol{a}-2\boldsymbol{b}=3\begin{pmatrix}5\\ 8\\ -2\\ 0\end{pmatrix}-2\begin{pmatrix}-7\\ 1\\ 8\\ 9\end{pmatrix}=\begin{pmatrix}15\\ 24\\ -6\\ 0\end{pmatrix}-\begin{pmatrix}-14\\ 2\\ 16\\ 18\end{pmatrix}=\begin{pmatrix}29\\ 22\\ -22\\ -18\end{pmatrix} \tag{1.18}$$

1.4　ベクトルの矢線表示

数 3 を図に表すときは，数直線を描きそのうえに点をとった．ベクトル $\boldsymbol{a}=(4,3)$ を図に表すには座標平面上に点 P(4, 3) をとって表す．また平面上の点の移動量を表す変位と対応させて原点 O から P への矢線で表すこともある．

ベクトルと点と矢線とをいつも対応させて考えると便利である．

$$\text{ベクトル}=(4,3)\iff\text{点 P}(4,3)\iff\text{矢線}\overrightarrow{\text{OP}}=(4,3) \tag{1.19}$$

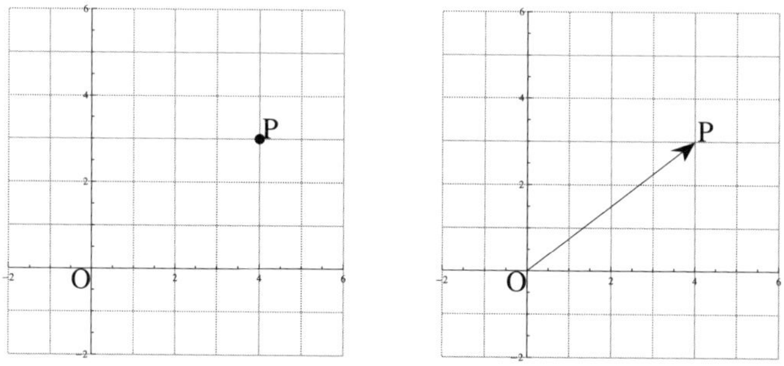

(a)　　(b)

図 1.2

ここでベクトルの和が図の上ではどのようになっているかを調べよう．

$$\boldsymbol{a} = \begin{pmatrix} 3 \\ 1 \end{pmatrix}, \quad \boldsymbol{b} = \begin{pmatrix} 1 \\ 2 \end{pmatrix}, \quad \boldsymbol{c} = \boldsymbol{a} + \boldsymbol{b} = \begin{pmatrix} 4 \\ 3 \end{pmatrix} \tag{1.20}$$

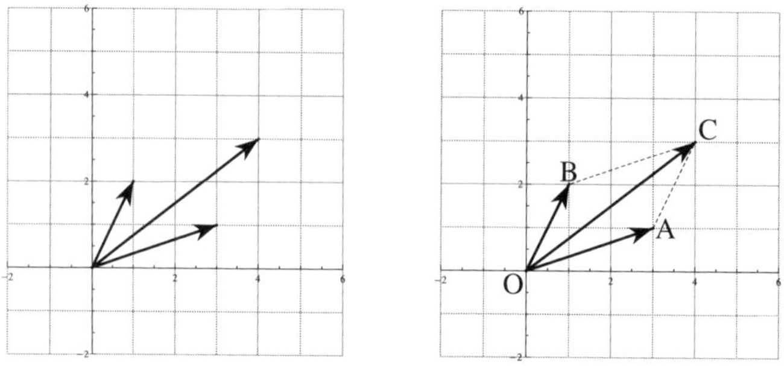

(a)　　(b)

図 1.3

この左図を見ていると，ベクトル $\boldsymbol{c}$ はベクトル $\boldsymbol{a}, \boldsymbol{b}$ で作られる平行四辺形の対角線を表しているように見える．点線で結んで右図のようにするとわかりやすい．点の名前も書き入れておくと説明もしやすい．

上の足し算は 2 個のリンゴと 3 個のリンゴをあわせると，5 個のリンゴになるというのと同じ絶対量どうしの足し算である．これに対して，はじめにリンゴを 2 個持っていて，そこに新たに 3 個のリンゴをもらったという足し算では 3 個のリンゴは添加する量，あるいは増加する量，変化を表す量である．

ベクトルの場合 $\boldsymbol{a} = (3, 1)$ というベクトルがあり，そこに $\boldsymbol{b} = (1, 2)$ が添加すると考えると $\boldsymbol{b} = (1, 2)$ は点 A から点 C へのベクトルと考えてもよい．$\overrightarrow{\mathrm{AC}}$ において点 A を**始点**といい，点 C を**終点**という．

$$\overrightarrow{\mathrm{AC}} = \boldsymbol{b} = (1, 2) \tag{1.21}$$

このようにベクトルを変化の量として扱うときは，出発点はどこでも同じベクトルと考えてよい．

$$\boldsymbol{b} = \overrightarrow{\mathrm{OB}} = \overrightarrow{\mathrm{AC}} \tag{1.22}$$

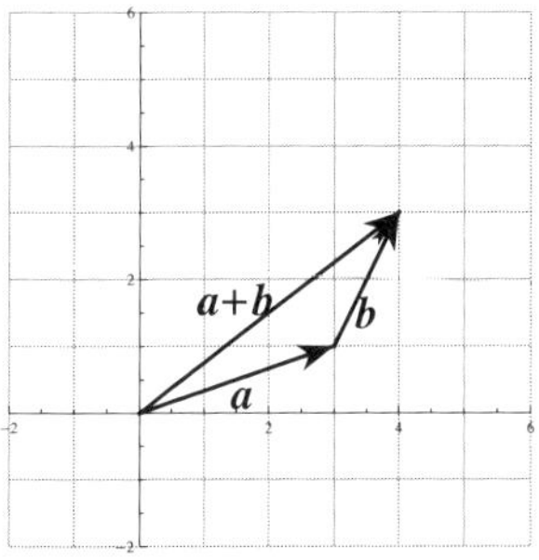

図 1.4

ベクトルの和 $\boldsymbol{a}+\boldsymbol{b}$ を図の上で求めるのに，$\boldsymbol{a}=\overrightarrow{\mathrm{OA}}$ と表したときベクトル $\boldsymbol{b}$ の始点を点 A にとって $\boldsymbol{b}=\overrightarrow{\mathrm{AC}}$ となる点 C を定めると，ベクトル $\overrightarrow{\mathrm{OC}}$ が求める $\boldsymbol{c}=\boldsymbol{a}+\boldsymbol{b}$ を表す．

$\boldsymbol{a}=(3,1)$ を点の座標と同一視すると，これにベクトル $\boldsymbol{b}$ を加えて終点の座標が得られている．一般に始点の座標にベクトルを加えると終点の座標が得られる．

[例題 **2**]

点 $(1,1)$ を始点としてベクトル $\boldsymbol{a}=(4,1)$ を描き，その終点からベクトル $\boldsymbol{b}=(-2,3)$ を描いたとき，ベクトル $\boldsymbol{a}+\boldsymbol{b}$ を点 $(1,1)$ を始点として図示せよ．

[解] ベクトル $\boldsymbol{a}$ を点 $(1,1)$ を始点として描くと終点は $(1,1)+\boldsymbol{a}=(1,1)+(4,1)=(5,2)$ となる．$(5,2)$ を始点としてベクトル $\boldsymbol{b}=(-2,3)$ を描くと終点は $(5,2)+\boldsymbol{b}=(5,2)+(-2,3)=(3,5)$ となる．ベクトル $\boldsymbol{a},\boldsymbol{b}$ の和は $\boldsymbol{a}+\boldsymbol{b}=(4,1)+(-2,3)=(2,4)$ となりこれを点 $(1,1)$ を始点として表せば終点は $(1,1)+(2,4)=(3,5)$ となる．

一般に 3 点 P, Q, R について次の関係が成り立つ．

$$\overrightarrow{\mathrm{PQ}}+\overrightarrow{\mathrm{QR}}=\overrightarrow{\mathrm{PR}} \tag{1.23}$$

この関係は何回か繰り返してもよい．

$$\overrightarrow{\mathrm{PQ_1}}+\overrightarrow{\mathrm{Q_1Q_2}}+\overrightarrow{\mathrm{Q_2Q_3}}+\overrightarrow{\mathrm{Q_3Q_4}}+\overrightarrow{\mathrm{Q_4R}}=\overrightarrow{\mathrm{PR}} \tag{1.24}$$

$\mathrm{P}(1,-1)$, $\mathrm{Q_1}(5,1)$, $\mathrm{Q_2}(4,4)$, $\mathrm{Q_3}(1,5)$, $\mathrm{Q_4}(2,2)$, $\mathrm{R}(-1,3)$ として図示してみよう．

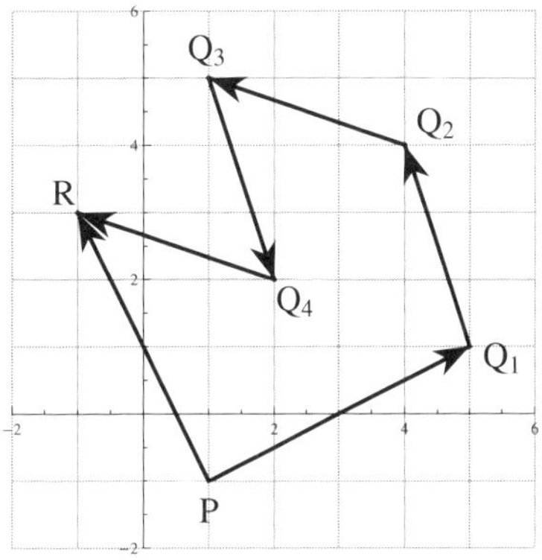

図 1.5

また最後に出発点に戻ってきた場合には，途中の経過には無関係に零ベクトルとなる．

$$\overrightarrow{\mathrm{PQ_1}}+\overrightarrow{\mathrm{Q_1Q_2}}+\overrightarrow{\mathrm{Q_2Q_3}}+\overrightarrow{\mathrm{Q_3Q_4}}+\overrightarrow{\mathrm{Q_4R}}+\overrightarrow{\mathrm{RP}}=\overrightarrow{\mathrm{PP}}=\mathbf{0} \tag{1.25}$$

ベクトル $\overrightarrow{\mathrm{AB}}$ の成分は，点 B の座標から点 A の座標を引いて得られる．原点を始点とするベクトルは，点の座標とベクトルが対応しているので次のようになる．

$$\overrightarrow{\mathrm{AB}}=\overrightarrow{\mathrm{OB}}-\overrightarrow{\mathrm{OA}} \tag{1.26}$$

ここで O の代わりに原点以外の点でもよく，ベクトル $\overrightarrow{\mathrm{AB}}$ は任意の点からのベクトルの差として表せる．

$$\overrightarrow{\mathrm{AB}}=\overrightarrow{\mathrm{PB}}-\overrightarrow{\mathrm{PA}} \tag{1.27}$$

P(1, −1), A(−1, 4), B(5, 2) の場合を図示してみよう．

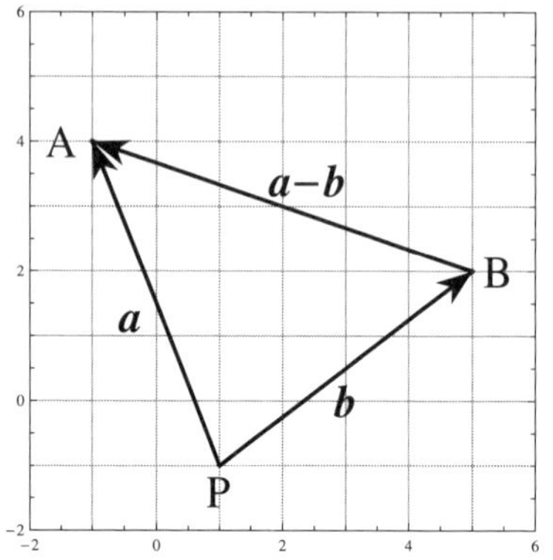

図 1.6

2 つのベクトルの差 $\boldsymbol{a}-\boldsymbol{b}$ は，図の上では $\boldsymbol{b}$ の終点から $\boldsymbol{a}$ の始点へ移動するベクトルであることがわかる．図を見て $\boldsymbol{b}+(\boldsymbol{a}-\boldsymbol{b})=\boldsymbol{a}$ となっていることからも理解できよう．

1.5 一般的なベクトル空間

ベクトルの演算である和・差・数との積について以下が成り立つ．

1. V は空でない集合であって，V の要素 $\boldsymbol{a},\boldsymbol{b}$ に対して和 $\boldsymbol{a}+\boldsymbol{b}\in V$ が一意的に定まり次の性質をみたす．
   (a) $\boldsymbol{a}+\boldsymbol{b}=\boldsymbol{b}+\boldsymbol{a}$
   (b) $(\boldsymbol{a}+\boldsymbol{b})+\boldsymbol{c}=\boldsymbol{a}+(\boldsymbol{b}+\boldsymbol{c})$
   (c) V の各要素 $\boldsymbol{a}$ に対して，$\boldsymbol{a}+\mathbf{0}=\mathbf{0}+\boldsymbol{a}=\boldsymbol{a}$ となる V の要素 $\mathbf{0}$ が存在する．
   (d) V の各要素 $\boldsymbol{a}$ に対して，$\boldsymbol{x}+\boldsymbol{a}=\boldsymbol{a}+\boldsymbol{x}=\mathbf{0}$ となる V の要素が存在する．これを $-\boldsymbol{a}$ と表す．

2. V の要素 $\boldsymbol{a}$ と実数 λ に対して，V の要素 $\lambda\boldsymbol{a}$ が一意的に定まり次の性質をみたす．
   (a) $\boldsymbol{a}\in V,\ \boldsymbol{b}\in V,\ \lambda\in R$(実数) に対して $\lambda(\boldsymbol{a}+\boldsymbol{b})=\lambda\boldsymbol{a}+\lambda\boldsymbol{b}$
   (b) $\boldsymbol{a}\in V,\ \lambda\in R,\ \mu\in R$ に対して $(\lambda+\mu)\boldsymbol{a}=\lambda\boldsymbol{a}+\mu\boldsymbol{a}$
   (c) $\boldsymbol{a}\in V,\ \lambda\in R,\ \mu\in R$ に対して $(\lambda\mu)\boldsymbol{a}=\lambda(\mu\boldsymbol{a})$

（d）$\boldsymbol{a} \in V$ に対して $1\boldsymbol{a} = \boldsymbol{a}$

$\boldsymbol{a} \in V$ というのは $\boldsymbol{a}$ が V の要素の 1 つであることを意味している．

今までベクトルとは数の組合せであるとしてきたので，上の性質はほとんど明らかな性質ばかりである．実は上の性質をみたす物は数の組としてのベクトル以外にもいろいろある．ある性質を持った関数の集まりであるとか，後で学ぶ行列とかがその例である．

一般に上の性質を持つ集合 V をベクトル空間という．上の性質からいろいろなことが示せる．たとえば任意の 2 つの要素 $\boldsymbol{a} \in V$, $\boldsymbol{b} \in V$ に対して

$$\boldsymbol{b} = \boldsymbol{a} + \boldsymbol{x} \tag{1.28}$$

となる $\boldsymbol{x} \in V$ がただ 1 つ存在する．

これを示すには，$\boldsymbol{x}$ が $(-\boldsymbol{a}) + \boldsymbol{b}$ でありそうなことから確かめられる．

$$\boldsymbol{a} + \{\, (-\boldsymbol{a}) + \boldsymbol{b} \,\} = \{\, \boldsymbol{a} + (-\boldsymbol{a}) \,\} + \boldsymbol{b} = \boldsymbol{0} + \boldsymbol{b} = \boldsymbol{b} \tag{1.29}$$

この $\boldsymbol{x}$ を $\boldsymbol{b} - \boldsymbol{a}$ と書いて $\boldsymbol{b}$ から $\boldsymbol{a}$ を引いた差であるという．

このようにして一般的な理論を進めていくこともできるが，初級者向けではないので，本書ではベクトルといえば実数の組でできている場合を扱う．

第 1 章　演習問題

(1) 2 つのベクトル $\boldsymbol{a}, \boldsymbol{b}$ が次のように与えられている．

$$\boldsymbol{a} = \begin{pmatrix} 3 \\ -9 \\ 2 \\ -4 \end{pmatrix}, \quad \boldsymbol{b} = \begin{pmatrix} -6 \\ 1 \\ 0 \\ -5 \end{pmatrix}$$

次のベクトルを計算せよ．

（a）$4\boldsymbol{a} - 5\boldsymbol{b}$　（b）$4 - 2\boldsymbol{a} + 9\boldsymbol{b}$　（c）$2\boldsymbol{a} + \boldsymbol{b}$

(2) 2 つのベクトル $\boldsymbol{a}, \boldsymbol{b}$ が次のように x, y で表されている．このとき $3\boldsymbol{a} - 2\boldsymbol{b}$ を x, y で表せ．

$$\boldsymbol{a} = \begin{pmatrix} 2x + y \\ x - y \\ 4x \end{pmatrix}, \quad \boldsymbol{b} = \begin{pmatrix} -3x + 4y \\ -x \\ x + y \end{pmatrix}$$

(3) 図 1.7 のようにベクトル $\boldsymbol{a}, \boldsymbol{b}, \boldsymbol{c}, \boldsymbol{d}$ が与えられている．次の問に答えよ．

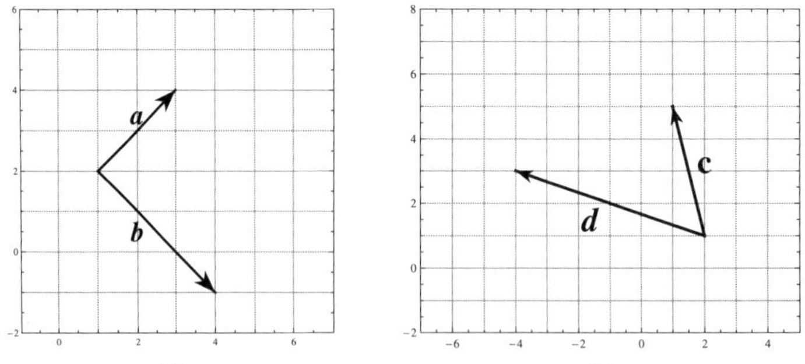

(a) (b)

図 1.7

(a) $\boldsymbol{a}+\boldsymbol{b}$, $\boldsymbol{a}-\boldsymbol{b}$ を図に示せ.

(b) $\boldsymbol{c}+\boldsymbol{d}$, $\boldsymbol{c}-\boldsymbol{d}$ を図に示せ.

第2章　ベクトルの内積

2.1　成分の積和

はじめにかけ算の意味を考えてみる．1本20円の鉛筆を3本買えば20円/本 × 3本 = 60円となる．このように量のかけ算の基本的な意味は，2つの量を A, B とするとき次のようになっている．

$$(A \text{ の単位量当たりの } B \text{ の量}) \times (A \text{ の量}) = (B \text{ の量}) \tag{2.1}$$

こんどは商品がたくさんある場合を扱う．文房具の定価と購入した数量が次のようになっていた．

表 2.1　文房具の定価と数量

	鉛筆	ノート	消しゴム
定価	20円/本	80円/冊	10円/個
数量	6本	5冊	2個

各文房具の価格をまとめて価格ベクトル $p = (20, 80, 10)$ とする．これに対してある人が購入した文房具の量を数量ベクトル $x = (6, 5, 2)$ とする．この人が購入した総金額を求めてみよう．

$$20_{(\text{円/本})} \times 6_{(\text{本})} + 80_{(\text{円/冊})} \times 5_{(\text{冊})} + 10_{(\text{円/個})} \times 2_{(\text{個})} = 440_{(\text{円})} \tag{2.2}$$

総金額を求めるには各商品について (定価) × (数量) を求め，これらの和を求めればよい．このように2つのベクトルの成分をかけて足す演算を**内積**という．一般にベクトル $\boldsymbol{p} = (p_1, p_2, p_3)$ とベクトル $\boldsymbol{x} = (x_1, x_2, x_3)$ の内積を $\boldsymbol{p} \cdot \boldsymbol{x}$ と表し，次のようになる．

$$\boldsymbol{p} \cdot \boldsymbol{x} = p_1 \cdot x_1 + p_2 \cdot x_2 + p_3 \cdot x_3 \tag{2.3}$$

たくさんの物を足すのにシグマ $\sum$ の記号を使ってもよい．$\boldsymbol{a} = (a_1, a_2, a_3, \cdots, a_n)$ と $\boldsymbol{b} = (b_1, b_2, b_3, \cdots, b_n)$ の内積は次のように表せる．

$$\boldsymbol{a} \cdot \boldsymbol{b} = a_1 b_1 + a_2 b_2 + a_3 b_3 + \cdots + a_n b_n = \sum_{k=1}^{n} a_k b_k \tag{2.4}$$

[例題 1]

ある電気店で1日に表2.2のような売り上げがあった．価格ベクトルを $\boldsymbol{p}$ で表し，数量ベクトルを $\boldsymbol{x}$ で表せ．それらの内積から総売上金額を求めよ．

表 2.2

	ラジオ	ステレオ	掃除機	洗濯機
定価	2万円/台	5万円/台	1万円/台	4万円/台
数量	4台	5台	7台	2台

［解］$\boldsymbol{p} = (2, 5, 1, 4)$, $\boldsymbol{x} = (4, 5, 7, 2)$ となる．総売上金額は次のような内積の計算で求められる．

$$\boldsymbol{p} \cdot \boldsymbol{x} = 2 \times 4 + 5 \times 5 + 1 \times 7 + 4 \times 2 = 48 \tag{2.5}$$

2.2 内積の基本性質

ラジオ，ステレオ，掃除機，洗濯機の価格ベクトルが $\boldsymbol{p} = (2, 5, 1, 4)$ であり，電気店の第1支店の売上数量が $\boldsymbol{x} = (4, 5, 7, 2)$ で，第2支店の売上数量が $\boldsymbol{y} = (3, 2, 1, 6)$ であるとき，2つの支店の総売上高を求めるのに2通りの方法がある．

第1の方法は第1支店の数量と第2支店の数量を加えて $\boldsymbol{x} + \boldsymbol{y} = (4, 5, 7, 2) + (3, 2, 1, 6) = (7, 7, 8, 8)$ を先に求め，これと価格ベクトルとの内積を求める．

$$\boldsymbol{p} \cdot (\boldsymbol{x} + \boldsymbol{y}) = (2, 5, 1, 4) \cdot (7, 7, 8, 8) = 14 + 35 + 8 + 32 = 89 \tag{2.6}$$

第2の方法は第1支店の売上高 $\boldsymbol{p} \cdot \boldsymbol{x}$ と第2支店の売上高 $\boldsymbol{p} \cdot \boldsymbol{y}$ を別々に求め，それらを足す方法である．

$$\boldsymbol{p} \cdot \boldsymbol{x} + \boldsymbol{p} \cdot \boldsymbol{y} = (2, 5, 1, 4) \cdot (4, 5, 7, 2) + (2, 5, 1, 4) \cdot (3, 2, 1, 6) = 48 + 41 = 89 \tag{2.7}$$

どちらの計算方法でも同じ値になる．$\boldsymbol{p} \cdot (\boldsymbol{x} + \boldsymbol{y}) = \boldsymbol{p} \cdot \boldsymbol{x} + \boldsymbol{p} \cdot \boldsymbol{y}$. これは分配法則と呼ばれ，一般に成り立つ．

$$\boldsymbol{a} \cdot (\boldsymbol{b} + \boldsymbol{c}) = \boldsymbol{a} \cdot \boldsymbol{b} + \boldsymbol{a} \cdot \boldsymbol{c} \tag{2.8}$$

一般的に証明するには $\boldsymbol{a} = (a_1, a_2, \cdots, a_n)$, $\boldsymbol{b} = (b_1, b_2, \cdots, b_n)$, $\boldsymbol{c} = (c_1, c_2, \cdots, c_n)$ としておいて，次のように式を変形すればよい．

$$\begin{aligned}
\boldsymbol{a} \cdot (\boldsymbol{b} + \boldsymbol{c}) &= (a_1, a_2, \cdots, a_n) \cdot (b_1 + c_1, b_2 + c_2, \cdots, b_n + c_n) \\
&= a_1 \cdot (b_1 + c_1) + a_2 \cdot (b_2 + c_2) + \cdots + a_n \cdot (b_n + c_n) \\
&= (a_1 \cdot b_1 + a_1 \cdot c_1) + (a_2 \cdot b_2 + a_2 \cdot c_2) + \cdots + a_n \cdot (b_n + c_n) \\
&= (a_1 \cdot b_1 + a_2 \cdot b_2 + \cdots + a_n \cdot b_n) + (a_1 \cdot c_1 + a_2 \cdot c_2 + \cdots + a_n \cdot c_n) \\
&= \boldsymbol{a} \cdot \boldsymbol{b} + \boldsymbol{a} \cdot \boldsymbol{c}
\end{aligned} \tag{2.9}$$

同様にして次の性質が成り立つことがわかる．普通の式と同じように計算してよいことになる．

① $\boldsymbol{a} \cdot \boldsymbol{b} = \boldsymbol{b} \cdot \boldsymbol{a}$ (交換法則)

② $(\boldsymbol{a} + \boldsymbol{b}) \cdot \boldsymbol{c} = \boldsymbol{a} \cdot \boldsymbol{c} + \boldsymbol{b} \cdot \boldsymbol{c}$ (分配法則)

③ $\boldsymbol{a} \cdot (k\boldsymbol{b}) = (k\boldsymbol{a}) \cdot \boldsymbol{b} = k \times (\boldsymbol{a} \cdot \boldsymbol{b})$, ただし k は実数である．

④ $\boldsymbol{a} \cdot \boldsymbol{a} \geq \boldsymbol{0}$ であり，$\boldsymbol{a} \cdot \boldsymbol{a} = \boldsymbol{0}$ となるのは $\boldsymbol{a} = \boldsymbol{0}$ のときに限る．

⑤ $(\boldsymbol{a} + \boldsymbol{b}) \cdot (\boldsymbol{a} + \boldsymbol{b}) = \boldsymbol{a} \cdot \boldsymbol{a} + 2\boldsymbol{a} \cdot \boldsymbol{b} + \boldsymbol{b} \cdot \boldsymbol{b}$

⑥ $(\boldsymbol{a} - \boldsymbol{b}) \cdot (\boldsymbol{a} - \boldsymbol{b}) = \boldsymbol{a} \cdot \boldsymbol{a} - 2\boldsymbol{a} \cdot \boldsymbol{b} + \boldsymbol{b} \cdot \boldsymbol{b}$

⑦ $(k\boldsymbol{a} + l\boldsymbol{b}) \cdot (m\boldsymbol{a} + n\boldsymbol{b}) = (km)\ \boldsymbol{a} \cdot \boldsymbol{a} + (kn + lm)\ \boldsymbol{a} \cdot \boldsymbol{b} + (ln)\ \boldsymbol{b} \cdot \boldsymbol{b}$

　ただし k, l, m, n は実数

[例題 2]
$\boldsymbol{a}\cdot\boldsymbol{a}=5,\ \boldsymbol{a}\cdot\boldsymbol{b}=3,\ \boldsymbol{b}\cdot\boldsymbol{b}=4$ のとき次のベクトルの内積の値を求めよ．

$$(2\boldsymbol{a}-3\boldsymbol{b})\cdot(4\boldsymbol{a}+5\boldsymbol{b}) \tag{2.10}$$

[解] 分配法則と交換法則を使い，次のように展開していく．

$$\begin{aligned}(2\boldsymbol{a}-3\boldsymbol{b})\cdot(4\boldsymbol{a}+5\boldsymbol{b}) &= (2\boldsymbol{a})\cdot(4\boldsymbol{a})+(2\boldsymbol{a})\cdot(5\boldsymbol{b})-(3\boldsymbol{b})\cdot(4\boldsymbol{a})-(3b)\cdot(5\boldsymbol{b})\\ &= 8\ \boldsymbol{a}\cdot\boldsymbol{a}+10\ \boldsymbol{a}\cdot\boldsymbol{b}-12\ \boldsymbol{b}\cdot\boldsymbol{a}-15\ \boldsymbol{b}\cdot\boldsymbol{b}\\ &= 8\ \boldsymbol{a}\cdot\boldsymbol{a}-2\ \boldsymbol{a}\cdot\boldsymbol{b}-15\ \boldsymbol{b}\cdot\boldsymbol{b}\\ &= 8\times5-2\times3-15\times4=-26\end{aligned} \tag{2.11}$$

2.3 内積の図形上の意味

$\overrightarrow{\mathrm{OA}}=\boldsymbol{a}=(a_1,a_2)$ のとき，$\boldsymbol{a}\cdot\boldsymbol{a}=(a_1,a_2)\cdot(a_1,a_2)=a_1^2+a_2^2$ となる．これは図 2.1 の上では線分 OA の長さの 2 乗である．線分 OA の長さをベクトル $\boldsymbol{a}$ の大きさといい $|\boldsymbol{a}|$ で表す．したがって次のようになる．

$$\boldsymbol{a}\cdot\boldsymbol{a}=|\boldsymbol{a}|^2 \iff |\boldsymbol{a}|=\sqrt{\boldsymbol{a}\cdot\boldsymbol{a}} \tag{2.12}$$

大きさが 1 のベクトルを単位ベクトルという．ベクトル $\boldsymbol{a}$ と同じ方向の単位ベクトルを $\boldsymbol{e}$ で表すと，$\boldsymbol{a}=|\boldsymbol{a}|\boldsymbol{e}$ となる．両辺を $|\boldsymbol{a}|$ で割って $\boldsymbol{e}=\dfrac{\boldsymbol{a}}{|\boldsymbol{a}|}$ と表すこともできる．

次に 2 つのベクトル $\boldsymbol{a}=(a_1,a_2)$ と $\boldsymbol{b}=(b_1,b_2)$ が，図のように直角に広がっている場合の成分の間の関係を調べてみる．

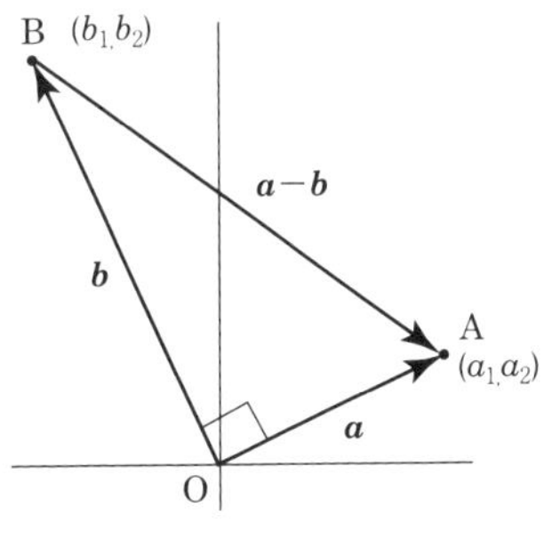

図 2.1

ピタゴラスの定理から直角三角形について次の関係が成り立つ．

$$|\boldsymbol{a}-\boldsymbol{b}|^2=|\boldsymbol{a}|^2+|\boldsymbol{b}|^2 \tag{2.13}$$

左辺と右辺を成分で表すと次のようになる．

$$\begin{aligned}&|\boldsymbol{a}-\boldsymbol{b}|^2=(a_1-b_1)^2+(a_2-b_2)^2 \text{より},\\ &a_1^2-2a_1b_1+b_1^2+a_2^2-2a_2b_2+b_2^2=a_1^2+a_2^2+b_1^2+b_2^2\end{aligned} \tag{2.14}$$

整頓すると次の関係式が得られる．

$$a_1b_1 + a_2b_2 = 0 \tag{2.15}$$

この左辺の $a_1b_1 + a_2b_2$ はベクトル $\boldsymbol{a}, \boldsymbol{b}$ の内積である．上の変形は逆にたどることもできるので，2つのベクトルが垂直であることと内積が0であることは同じことになる．数学的には「同値である」と表す．

$$\boldsymbol{a} \perp \boldsymbol{b} \iff \boldsymbol{a} \cdot \boldsymbol{b} = 0 \tag{2.16}$$

こんどは2つのベクトルが垂直でないときも含めて図形上の意味を調べよう．図2.2のように2つのベクトルがあるとき，ベクトル $\boldsymbol{b}$ をベクトル $\boldsymbol{a}$ に平行な方向のベクトル $\boldsymbol{b}_1$ と垂直な方向のベクトル $\boldsymbol{b}_2$ に分解して考える．

$$\boldsymbol{b} = \boldsymbol{b}_1 + \boldsymbol{b}_2 \tag{2.17}$$

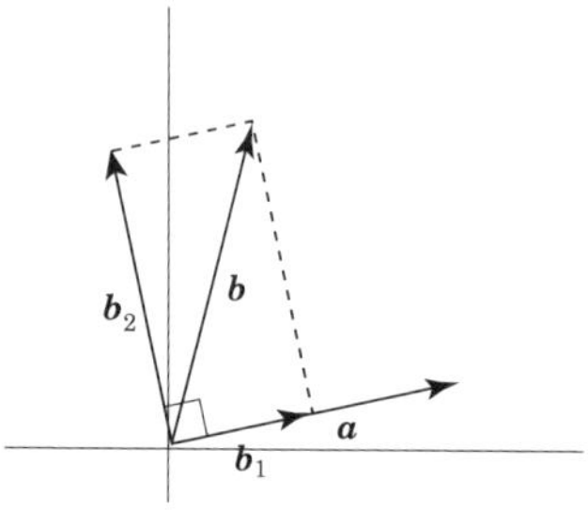

図 2.2

さらに，ベクトル $\boldsymbol{a}$ の方向の単位ベクトルを e として，$\boldsymbol{a} = |\boldsymbol{a}|\boldsymbol{e}$, $\boldsymbol{b}_1 = |\boldsymbol{b}_1|e$ と表す．ベクトル $\boldsymbol{a}, \boldsymbol{b}$ のなす角を t とすると $|\boldsymbol{b}_1| = |\boldsymbol{b}|\cos t$ となる．

以上のことからベクトル $\boldsymbol{a}$ と $\boldsymbol{b}$ の内積は次のように表せる．

$$\begin{aligned}\boldsymbol{a} \cdot \boldsymbol{b} &= \boldsymbol{a} \cdot (\boldsymbol{b}_1 + \boldsymbol{b}_2) = \boldsymbol{a} \cdot \boldsymbol{b}_1 + \boldsymbol{a} \cdot \boldsymbol{b}_2 \\ &= |\boldsymbol{a}|\boldsymbol{e} \cdot (|\boldsymbol{b}|\cos t)e + 0 \\ &= |\boldsymbol{a}||\boldsymbol{b}|\cos t\ \boldsymbol{e} \cdot \boldsymbol{e} = |\boldsymbol{a}||\boldsymbol{b}|\cos t \end{aligned} \tag{2.18}$$

第2章　演習問題

(1) 2組のベクトル $\boldsymbol{a}$, $\boldsymbol{b}$ と，$\boldsymbol{c}$, $\boldsymbol{d}$ が次のように与えられているときベクトルの内積 $\boldsymbol{a} \cdot \boldsymbol{b}$, $\boldsymbol{c} \cdot \boldsymbol{d}$ を求めよ．

$$\boldsymbol{a} = \begin{pmatrix} 3 \\ -9 \\ 2 \\ -4 \end{pmatrix}, \quad \boldsymbol{b} = \begin{pmatrix} -6 \\ 1 \\ 0 \\ -5 \end{pmatrix}, \quad \boldsymbol{c} = \begin{pmatrix} 0 \\ 2 \\ -1 \\ 4 \end{pmatrix}, \quad \boldsymbol{d} = \begin{pmatrix} -4 \\ 3 \\ -2 \\ 0 \end{pmatrix} \tag{2.19}$$

(2) 2つのベクトル $\boldsymbol{x}$, $\boldsymbol{y}$ が次のように与えられている．このとき $3\boldsymbol{x} - 2\boldsymbol{y}$ と $\boldsymbol{x} + \boldsymbol{y}$ の内積を求めよ．

$$\boldsymbol{x} = \begin{pmatrix} -3 \\ 2 \\ 0 \end{pmatrix}, \quad \boldsymbol{y} = \begin{pmatrix} -6 \\ 1 \\ -5 \end{pmatrix} \tag{2.20}$$

(3) 2 つのベクトル $\boldsymbol{a}, \boldsymbol{b}$ について $\boldsymbol{a}\cdot\boldsymbol{a} = 7$, $\boldsymbol{a}\cdot\boldsymbol{b} = -4$, $\boldsymbol{b}\cdot\boldsymbol{b} = 5$ がわかっているとき次の内積を求めよ．

$$(2\boldsymbol{a} - \boldsymbol{b}) \cdot (\boldsymbol{a} + 3\boldsymbol{b}) \tag{2.21}$$

(4) 図 2.3 のようにベクトル $\boldsymbol{a}, \boldsymbol{b}, \boldsymbol{c}, \boldsymbol{d}$ が与えられているときベクトルの内積 $\boldsymbol{a}\cdot\boldsymbol{b}$, $\boldsymbol{c}\cdot\boldsymbol{d}$ を求めよ．

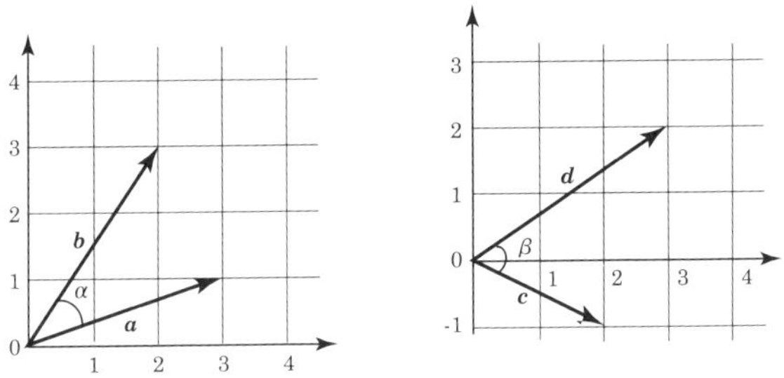

図 **2.3**

(5) 2 つのベクトル $\boldsymbol{a}, \boldsymbol{b}$ のなす角 θ のコサインは $\cos\theta = \dfrac{\boldsymbol{a}\cdot\boldsymbol{b}}{|\boldsymbol{a}||\boldsymbol{b}|}$ によって求められる．(4) における $\boldsymbol{a}, \boldsymbol{b}$ のなす角を α，$\boldsymbol{c}, \boldsymbol{d}$ のなす角を β とするとき，$\cos\alpha$，$\cos\beta$ の値を求めよ．

第3章　ベクトルと図形

3.1　空間のベクトル

今まで図示するベクトルは平面上のベクトルであった．3次元のベクトルを図示すると空間のベクトルになる．平面のときと同じように，ベクトル $\boldsymbol{a} = (4,3,2)$ と点 $\mathrm{P}(4,3,2)$ と矢線 $\overrightarrow{\mathrm{OP}}$ を対応させて考えるとよい．

$\boldsymbol{b} = (1,2,4)$ に対して，$\boldsymbol{a}+\boldsymbol{b} = (5,5,6)$ を図示すると次のようになる．

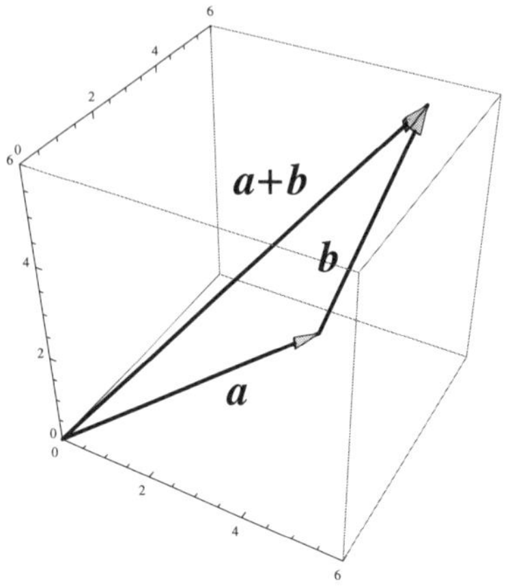

図 3.1

3.2　ベクトルの内分・外分

ベクトル $\boldsymbol{a} = \overrightarrow{\mathrm{OA}}$, $\boldsymbol{b} = \overrightarrow{\mathrm{OB}}$ に対して，ベクトル $\boldsymbol{b} - \boldsymbol{a} = \overrightarrow{\mathrm{OA}} - \overrightarrow{\mathrm{OB}} = \overrightarrow{\mathrm{AB}}$ を $k:(1-k)$ に内分する点Pへのベクトル $\overrightarrow{\mathrm{OP}}$ を $\boldsymbol{a}$, $\boldsymbol{b}$, k で表してみよう．

線分を $7:3$ に内分するというとき，線分の長さを基準にして $0.7:0.3$ というように足して1になる数値を使うと便利なことが多い．このようにしておくと一般に $k:(1-k)$ と表せる．

平面の場合も空間の場合も，線分ABを $k:(1-k)$ に内分する点へのベクトル $\boldsymbol{p} = \overrightarrow{\mathrm{OP}}$ は $\boldsymbol{a} = \overrightarrow{\mathrm{OA}}, \boldsymbol{b} = \overrightarrow{\mathrm{OB}}$ によって次のように表せる．

$$\begin{aligned}\boldsymbol{p} \;=\; & \overrightarrow{\mathrm{OP}} = \overrightarrow{\mathrm{OA}} + \overrightarrow{\mathrm{AP}} \\ & = \overrightarrow{\mathrm{OA}} + k(\overrightarrow{\mathrm{OB}} - \overrightarrow{\mathrm{OA}}) \\ & = (1-k)\overrightarrow{\mathrm{OA}} + k\overrightarrow{\mathrm{OB}} \;=\; (1-k)a + kb \qquad (3.1)\end{aligned}$$

これを成分で表すと，平面の場合は次のようになる．

$$\begin{pmatrix} p_1 \\ p_2 \end{pmatrix} = (1-k)\begin{pmatrix} a_1 \\ a_2 \end{pmatrix} + k\begin{pmatrix} b_1 \\ b_2 \end{pmatrix} \qquad (3.2)$$

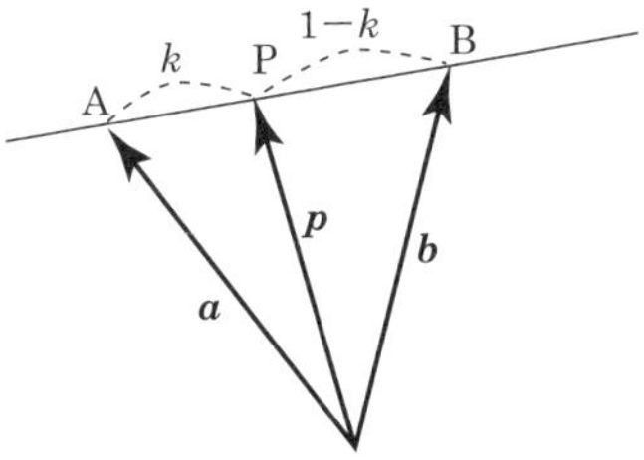

図 3.2

$$\begin{cases} p_1 = (1-k)a_1 + kb_1 \\ p_2 = (1-k)a_2 + kb_2 \end{cases} \tag{3.3}$$

空間のベクトルの場合も，成分が 1 つ増えるだけで同じである．

$$\begin{pmatrix} p_1 \\ p_2 \\ p_3 \end{pmatrix} = (1-k)\begin{pmatrix} a_1 \\ a_2 \\ a_3 \end{pmatrix} + k\begin{pmatrix} b_1 \\ b_2 \\ b_3 \end{pmatrix} \tag{3.4}$$

$$\begin{cases} p_1 = (1-k)a_1 + kb_1 \\ p_2 = (1-k)a_2 + kb_2 \\ p_3 = (1-k)a_3 + kb_3 \end{cases} \tag{3.5}$$

ベクトルの次元が 3 より大きくなると，図には表せないが同じ式が成り立つ．

［例題 **1**］

ベクトル $\boldsymbol{a} = \overrightarrow{\mathrm{OA}} = (3, 6, 4)$, $\boldsymbol{b} = \overrightarrow{\mathrm{OB}} = (-5, 7, 1)$ に対し，線分 AB を $k : (1-k) = 0.7 : 0.3$ に内分する点 P へのベクトル $\boldsymbol{p} = \overrightarrow{\mathrm{OP}}$ を求めよ．さらに，$k = 0$ から $k = 1$ まで 0.1 刻みに k を変化させたときの 11 個のベクトル $\boldsymbol{p}_0 \sim \boldsymbol{p}_{10}$ を求めよ．

［解］

$$\boldsymbol{p} = \begin{pmatrix} p_1 \\ p_2 \\ p_3 \end{pmatrix} = 0.7\begin{pmatrix} 3 \\ 6 \\ 4 \end{pmatrix} + 0.3\begin{pmatrix} -5 \\ 7 \\ 1 \end{pmatrix}$$

$$= \begin{pmatrix} 2.1 \\ 4.2 \\ 2.8 \end{pmatrix} + \begin{pmatrix} -1.5 \\ 2.1 \\ 0.3 \end{pmatrix} = \begin{pmatrix} 0.6 \\ 6.3 \\ 3.1 \end{pmatrix} \tag{3.6}$$

同様にして $\boldsymbol{p}_0 \sim \boldsymbol{p}_{10}$ が求められる．

また，k の値が負のときと 1 より大きいときには，図 3.3 のように外分点を表す．ベクトル $\overrightarrow{\mathrm{AB}}$ の向きと同じときには比の値は正の値をとり，反対向きのときには比の値が負になっている．

3.3　直線と平面の式

$\boldsymbol{p} = (1-k)\boldsymbol{a} + k\boldsymbol{b}$ において k の値を動かすと，$\boldsymbol{p} = \overrightarrow{\mathrm{OP}}$ となる点 P は 2 点 A, B を通る直線上を動く．k が動いたときのベクトル $\boldsymbol{p}$ と点 P の動きを図 3.4 のようなアニメーションでみるとわかりやすい．

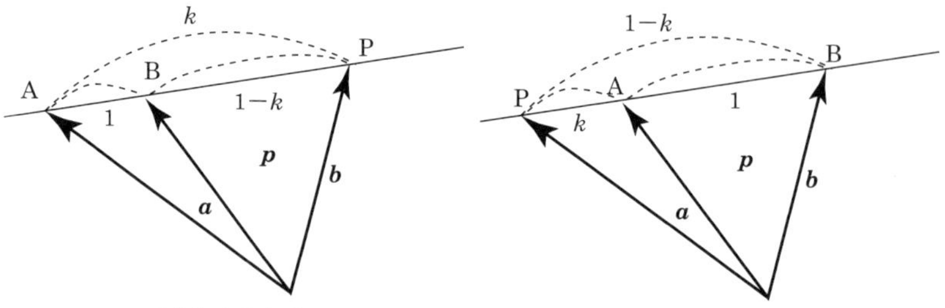

(a) $k>1$ のとき (b) $k<0$ のとき

図 **3.3**

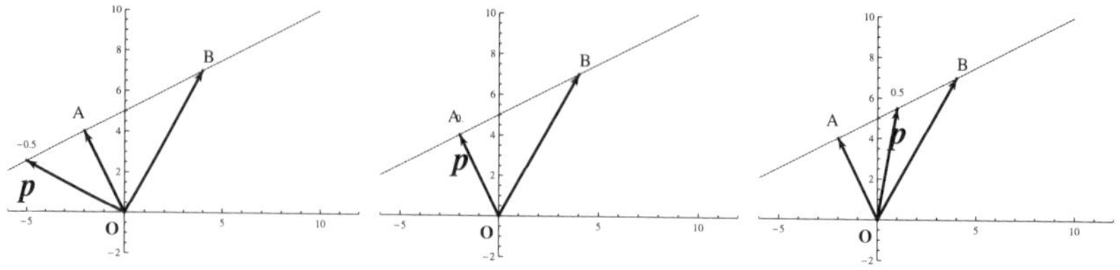

図 **3.4**

$\boldsymbol{p} = (p_1, p_2)$ の代わりに $\boldsymbol{x} = (x_1, x_2)$ を使うことも多い．この場合 $\boldsymbol{x} = (1-k)\boldsymbol{a} + k\boldsymbol{b}$ が直線の式となるが $\boldsymbol{a}$, $\boldsymbol{b}$ の係数が平等でない．そこで次のように表してもよい．これを直線のパラメータ表示という．

$$\boldsymbol{x} = s\boldsymbol{a} + t\boldsymbol{b} \quad \text{ただし} \quad s + t = 1 \tag{3.7}$$

$$\begin{cases} x_1 = sa_1 + tb_1 \\ x_2 = sa_2 + tb_2 \end{cases} \quad \text{ただし} \quad s + t = 1 \tag{3.8}$$

また $x_1 = (1-t)a_1 + tb_1 = a_1 + t(b_1 - a_1)$ より $t = \dfrac{x_1 - a_1}{b_1 - a_1}$ となる．第 2 成分についても同じであり，まとめて直線の式を次のようにも表せる．

$$\frac{x_1 - a_1}{b_1 - a_1} = \frac{x_2 - a_2}{b_2 - a_2} \tag{3.9}$$

上の式で $(b_1 - a_1, b_2 - a_2)$ は直線の方向を示すベクトルであり**方向ベクトル**と呼ばれる．

空間における直線も同様に表せる．成分で表したとき 1 つの要素が追加されるだけである．

$$\begin{cases} x_1 = sa_1 + tb_1 \\ x_2 = sa_2 + tb_2 \\ x_3 = sa_3 + tb_3 \end{cases} \quad \text{ただし} \quad s + t = 1 \tag{3.10}$$

まとめて 1 つに表す式も平面と同様に，次のように表せる．

$$\frac{x_1 - a_1}{b_1 - a_1} = \frac{x_2 - a_2}{b_2 - a_2} = \frac{x_3 - a_3}{b_3 - a_3} \tag{3.11}$$

平面の上の直線を表すもう 1 つの方法がある．点 $\mathrm{A}(a_1, a_2)$ を通る直線を定めるのに，その直線と直交する方向を表すベクトル $\boldsymbol{n} = (n_1, n_2)$ を定めてもよい．このベクトルを**垂直ベクトル**という．

この直線上の点を $\mathrm{P}(x_1, x_2)$ とするとベクトル $\overrightarrow{\mathrm{AP}} = (x_1 - a_1, x_2 - a_2)$ がベクトル $\boldsymbol{n} = (n_1, n_2)$ と垂直であることから，内積は 0 となる．

$$(x_1 - a_1, x_2 - a_2) \cdot (n_1, n_2) = n_1(x_1 - a_1) + n_2(x_2 - a_2) = 0 \tag{3.12}$$

これが (a_1, a_2) を通り (n_1, n_2) に垂直な直線を表す．$n_1a_1 + n_2a_2$ で得られる値を w として，さらに変形して次のようにも表せる．

$$n_1x_1 + n_2x_2 = w \tag{3.13}$$

したがって，直線 $2x_1 + 3x_2 = 12$ の垂直ベクトルは，x_1, x_2 の係数 $n = (2, 3)$ であることがわかる．

空間においてある点 A があり，ベクトル $\overrightarrow{\mathrm{PA}}$ がベクトル $\boldsymbol{n} = (n_1, n_2, n_3)$ と直交するような点 P は平面上を動く．これを式で表すと次のようになる．

$$\overrightarrow{\mathrm{PA}} \cdot \boldsymbol{n} = (x_1 - a_1, x_2 - a_2, x_3 - a_3) \cdot (n_1, n_2, n_3) = 0 \tag{3.14}$$

$$n_1(x_1 - a_1) + n_2(x_2 - a_2) + n_3(x_3 - a_3) = 0 \tag{3.15}$$

$$n_1x_1 + n_2x_2 + n_3x_3 = w \tag{3.16}$$

$2x_1 + 3x_2 + 4x_3 = 39$ は平面を表す式で，この平面に垂直なベクトルは $\boldsymbol{n} = (2, 3, 4)$ となる．

[例題 **2**]

(1) 2 点 A(2, 5), B(6, 1) を通る直線をパラメータ表示で表せ．

(2) ベクトル $\boldsymbol{a} = \overrightarrow{\mathrm{OA}} = (-3, 2)$, $\boldsymbol{b} = \overrightarrow{\mathrm{OB}} = (4, 9)$ がある．線分 AB を $t : s$ $(s + t = 1)$ に内分 (外分) する点を図示せよ．ただし，$-1 \leq s$, $t \leq 2$ の範囲で，s, t の値を 0.05 刻みにとった点を図示せよ．

(3) 点 A(5, 2) を通り，ベクトル $\boldsymbol{n} = (-3, 4)$ に垂直な直線の式を求めよ．

(4) 点 A(5, −3, 4) を通り，ベクトル $\boldsymbol{n} = (-6, 7, 8)$ に垂直な直線の式を求めよ．

[解] (1) 直線上の点を $\mathrm{P}(x_1, x_2)$ とすると次のように表せる．

$$\begin{pmatrix} x_1 \\ x_2 \end{pmatrix} = s\begin{pmatrix} 2 \\ 5 \end{pmatrix} + t\begin{pmatrix} 6 \\ 1 \end{pmatrix} \quad \text{あるいは} \quad \begin{cases} x_1 = 2s + 6t \\ x_2 = 5s + t \end{cases} \quad \text{ただし} \quad s + t = 1 \tag{3.17}$$

(2) $-3(x_1 - 5) + 4(x_2 - 2) = 0$, あるいは $-3x_1 + 4x_2 = -7$.

(3) $-6(x_1 - 5) + 7(x_2 + 3) + 8(x_3 - 4) = 0$, あるいは $-6x_1 + 7x_2 + 8x_3 = -24$.

3.4 線分・三角形・四面体

ベクトル $\boldsymbol{a} = \overrightarrow{\mathrm{OA}}$, $\boldsymbol{b} = \overrightarrow{\mathrm{OB}}$ があるとき，2 点 A, B を結ぶ直線は $\boldsymbol{x} = s\boldsymbol{a} + t\boldsymbol{b}$, ただし $s + t = 1$ と表せる．ここでパラメータ s, t は負でも 1 より大きくてもよい．

この直線の一部である線分 AB だけを表すには s, t の値を 0 から 1 の間に制限すればよい．$\boldsymbol{x} = (x_1, x_2)$ が線分 AB 上にあるということは，0 から 1 までの s, t で $s + t = 1$ となる数によって $\boldsymbol{x} = s\boldsymbol{a} + t\boldsymbol{b}$ と表せることと同じである．

$$\boldsymbol{x} = (x_1, x_2) \text{ が線分 AB 上} \iff \boldsymbol{x} = s\boldsymbol{a} + t\boldsymbol{b}, \quad s + t = 1, \quad 0 \leq s \leq 1, \quad 0 \leq t \leq 1 \tag{3.18}$$

これは空間の中の線分についても同じである．ベクトルや点の成分の数は違ってもベクトル

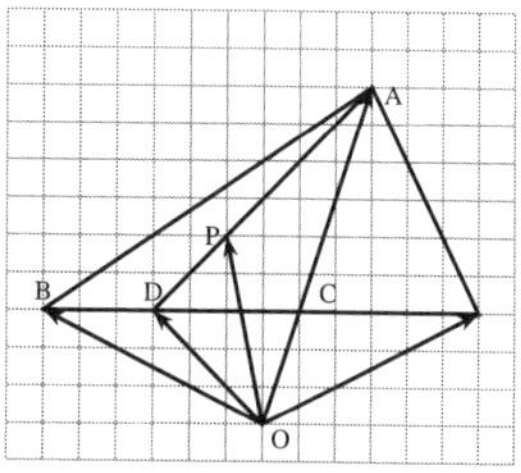

図 3.5

で表すとまったく同じ式である.

次に 3 点 A, B, C でできる三角形の周および内部にある点 P の条件を求めよう.

直線 AP と BC の交点を D とする. D が線分 BC 上にあることは, 次のように表せる.

$$\boldsymbol{d} = \overrightarrow{\mathrm{OD}} = s\overrightarrow{\mathrm{OB}} + t\overrightarrow{\mathrm{OC}} = s\boldsymbol{b} + t\boldsymbol{c}, \quad s + t = 1, \quad 0 \leq s \leq 1,\ 0 \leq t \leq 1 \tag{3.19}$$

また, P が線分 AD 上にあることは次のように表せる.

$$x = \overrightarrow{\mathrm{OP}} = u\overrightarrow{\mathrm{OD}} + v\overrightarrow{\mathrm{OA}} = u\boldsymbol{d} + v\boldsymbol{a}, \quad u + v = 1, \quad 0 \leq u \leq 1, \quad 0 \leq v \leq 1 \tag{3.20}$$

P が三角形 ABC の周および内部にあることは, D が線分 BC 上にありかつ P が線分 AD 上にあることと同値である. 上の 2 つの条件式をあわせて次のように表せる.

$$\begin{aligned} \boldsymbol{x} &= u\boldsymbol{d} + v\boldsymbol{a} = u(s\boldsymbol{b} + t\boldsymbol{c}) + v\boldsymbol{a} \\ &= us\boldsymbol{b} + ut\boldsymbol{c} + v\boldsymbol{a} \end{aligned} \tag{3.21}$$

ここで $us = l,\ ut = m,\ v = n$ とおくと $us + ut + v = u(s + t) + v = u + v = 1$ となり, $0 \leq l \leq 1,\ 0 \leq m \ \leq 1,\ 0 \leq n \leq 1$ となる. すなわち, 点 P が三角形の周および内部にあることは次のようにまとめられる.

$$\boldsymbol{x} = l\boldsymbol{a} + m\boldsymbol{b} + n\boldsymbol{c}, \quad l + m + n = 1, \quad 0 \leq l \leq 1, \quad 0 \leq m \leq 1, \quad 0 \leq n \leq 1 \tag{3.22}$$

となる l, m, n が存在する.

これを使って 3 点 A(3, 10), B(−6, 1), C(6, 4) の周と内部の点をプロットしてみよう. n を 0 から 1 まで 0.02 刻みにとる. n が決まると m は $0 \leq m \leq 1 - n$ の間の値をとる. l は自動的に $l = 1 - m - n$ となる.

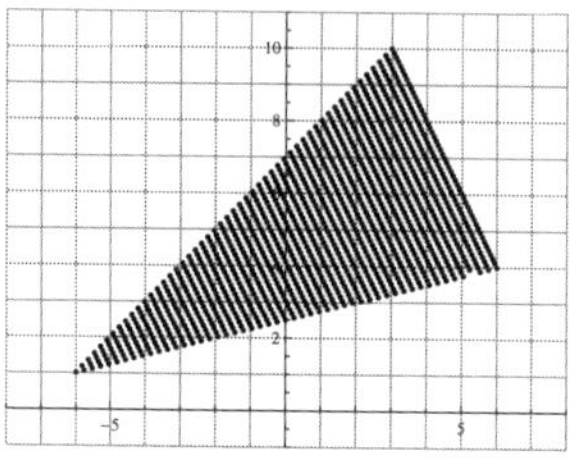

図 3.6

四面体の周と内部の点を表すのも同様にできる.

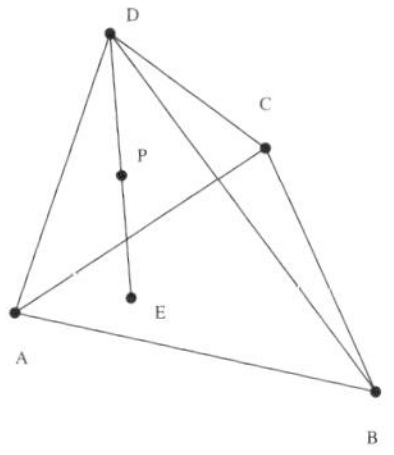

図 3.7

図において点 P が四面体 ABCD の周と内部にあることは，点 E が三角形 ABC 内にありかつ点 P が線分 DE 上にあることで表せる．

$$\boldsymbol{e} = u\boldsymbol{a} + v\boldsymbol{b} + w\boldsymbol{c}, \quad u + v + w = 1, \quad 0 \leq u, v, w \leq 1 \tag{3.23}$$

$$\boldsymbol{p} = s\boldsymbol{d} + t\boldsymbol{e}, \quad s + t = 1, \quad 0 \leq s, t \leq 1 \tag{3.24}$$

2 つの式から $\boldsymbol{p}$ は $\boldsymbol{a}, \boldsymbol{b}, \boldsymbol{c}, \boldsymbol{d}$ によって次のように表せる．

$$\boldsymbol{p} = s\boldsymbol{d} + t(u\boldsymbol{a} + v\boldsymbol{b} + w\boldsymbol{c}) = s\boldsymbol{d} + tu\boldsymbol{a} + tv\boldsymbol{b} + tw\boldsymbol{c} \tag{3.25}$$

$$\boldsymbol{p} = k_1\boldsymbol{a} + k_2\boldsymbol{b} + k_3\boldsymbol{c} + k_4\boldsymbol{d}, \quad k_1 + k_2 + k_3 + k_4 = 1, \quad 0 \leq k_1, k_2, k_3, k_4 \leq 1 \tag{3.26}$$

これを確かめるために，k_1, k_2, k_3, k_4 を 0 から 1 まで動かして点をとり図示してみよう．

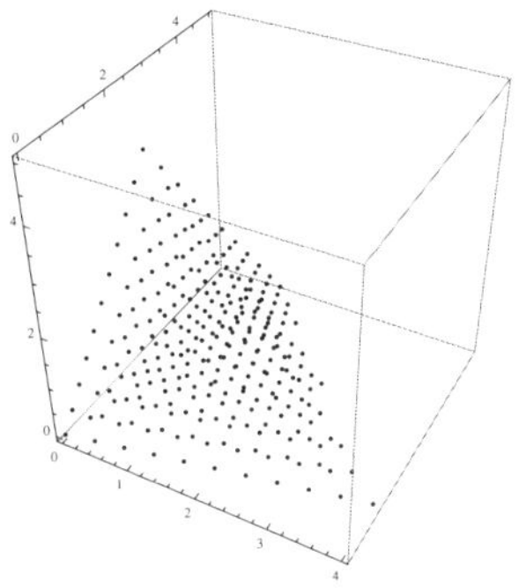

図 3.8

$\boldsymbol{a} = (0,0,0)$, $\boldsymbol{b} = (4,1,0)$, $\boldsymbol{c} = (1,5,0)$, $\boldsymbol{d} = (1,1,5)$ とし，$\boldsymbol{x} = k_1\boldsymbol{a} + k_2\boldsymbol{b} + k_3\boldsymbol{c} + k_4\boldsymbol{d}$ とおく．

次に三角形以外の多角形である四角形，五角形，$\cdots$ について調べよう．四角形 ABCD の周および内部にあることは，四角形を対角線で分けたどちらかの三角形に入っているのと同じことである．

三角形 ABC に入っているときは $\boldsymbol{x} = k_1\boldsymbol{a} + k_2\boldsymbol{b} + k_3\boldsymbol{c}$, $k_1 + k_2 + k_3 = 1$, $0 \leq k_1, k_2, k_3 \leq 1$ と表せる．三角形 ACD に入っているときは $x = m_1\boldsymbol{a} + m_2\boldsymbol{b} + m_3\boldsymbol{c}$, $m_1 + m_2 + m_3 = 1$, $0 \leq m_1, m_2, m_3 \leq 1$ と表せる．まとめて次のように表せる．

$$\boldsymbol{x} = t_1\boldsymbol{a} + t_2\boldsymbol{b} + t_3\boldsymbol{c} + t_4\boldsymbol{d}, \quad t_1 + t_2 + t_3 + t_4 = 1, \quad 0 \leq t_1, t_2, t_3, t_4 \leq 1 \tag{3.27}$$

三角形 ABC に入っているときは $t_4 = 0$ とすればよいし，三角形 ACD に入っているときは

$t_2 = 0$ とすればよい．しかし四角形を三角形に分ける方法は 2 通りあり表し方は一意的ではない．

以上の表し方は一般の凸多角形でも同じである．凸 n 多角形の頂点を $a_1, a_2, \cdots, a_n$ とすると，周および内部の点 $\boldsymbol{x}$ は次のように表せる．

$$x = t_1\boldsymbol{a}_1 + t_2\boldsymbol{a}_2 + \cdots t_n\boldsymbol{a}_n, \quad t_1 + t_2 + \cdots + t_n = 1, \quad 1 \le t_1, t_2, \cdots, t_n \le 1 \qquad (3.28)$$

多角形の例として A(0, 0), B(3, 1), C(4, 5), D(1,7), E(−1, 3) を頂点とする五角形をとり，周と内部の点をとって図示してみよう．図 3.9 のようになる．

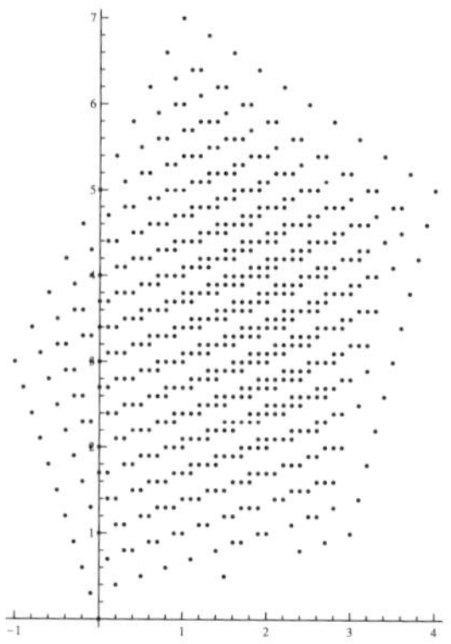

図 3.9

第 3 章　演習問題

(1) 2 つのベクトル $\boldsymbol{a} = \overrightarrow{\mathrm{OA}} = (5, 8)$, $\boldsymbol{b} = \overrightarrow{\mathrm{OB}} = (9, 2)$ が与えられている．線分 AB を次の比に内分 (外分) する点 P へのベクトル $\overrightarrow{\mathrm{OP}} = (x_1, x_2)$ を求めよ．

(a) 0.2 : 0.8　(b) 0.7 : 0.3　(c) −0.6 : 1.6　(d) 1.4 : −0.4

(2) 2 点 A(−3,5), B(2, 1) を通る直線を図示せよ．

(3) 平面における 3 点 A(2, 1), B(4, 5), C(3, 6) でできる三角形の周および内部の点 $\mathrm{P}(x_1, x_2)$ はどのように表せるか．パラメータを用いて表せ．

(4) 空間における 4 点 A(2, 1, 0), B(4, 5, 0), C(3, 6, 0) D(1, 2, 3) でできる四面体の周および内部の点 $\mathrm{P}(x_1, x_2, x_3)$ はどのように表せるか．パラメータを用いて表せ．

第4章　行列とその演算

4.1　行列

ある電気製品を販売しているチェーン店で，支店別製品別の売上量を表にしたところ，次のようになった．

表 4.1　支店別製品別売上量

	テレビ	ステレオ	ラジオ
埼玉支店	5	3	2
横浜支店	7	6	4
京都支店	1	9	0

表の中の数値は具体的にテレビの台数という意味を持っている．この具体的な意味を取りさり大きさだけを表した数とし，数が縦横に並んだ物を行列という．量から数が抽象化され，量の組からベクトルが抽象化されているように，量が縦横に並んだ表から行列が抽象化される．

行列は数を表にした物を括弧で囲んで表す．行列を全体として文字で表すには大文字を使うことが多い．

$$\boldsymbol{A} = \begin{pmatrix} 5 & 3 & 2 \\ 7 & 6 & 4 \\ 1 & 9 & 0 \end{pmatrix} \tag{4.1}$$

埼玉支店のテレビ・ステレオ・ラジオの台数だけとり，その大きさだけを表したベクトルを第 1 行の行ベクトルという．同様に横浜支店，京都支店の売上量から 2 行，3 行のベクトルが得られる．

今度はテレビの台数を縦にとり列ベクトルができる．行列の枠組みを決めるのは行の数と列の数である．m 行 n 列の行列を $m \times n$ 行列という．

行列の各要素も一般に文字で表すには番地を指定して表すとよい．すなわち i 行目と j 列目の交差した位置の要素を a_{ij} と表す．この表し方によると 3 行 3 列の行列と $m \times n$ 行列は次のように表せる．

$$A = \begin{pmatrix} a_{11} & a_{12} & a_{13} \\ a_{21} & a_{22} & a_{23} \\ a_{31} & a_{32} & a_{33} \end{pmatrix}, \quad A = \begin{pmatrix} a_{11} & a_{12} & \cdots & a_{1n} \\ a_{21} & a_{22} & \cdots & a_{2n} \\ \cdots & \cdots & \cdots & \cdots \\ a_{m1} & a_{m2} & \cdots & a_{mn} \end{pmatrix} \tag{4.2}$$

4.2　行列の和・差・実数倍

支店別・製品別の売上高が，2 日にわたって表に表されているとしよう．

2 日間の売り上げた数量の合計を求めるには，埼玉支店のテレビの台数は 2 日とも同じ埼玉

表 4.2 支店別製品別売上量

10 月 1 日	テレビ	ステレオ	ラジオ
埼玉支店	5	3	2
横浜支店	7	6	4
京都支店	1	9	0

表 4.3 支店別製品別売上量

10 月 2 日	テレビ	ステレオ	ラジオ
埼玉支店	6	2	3
横浜支店	8	7	1
京都支店	2	5	2

支店のテレビの台数同士を加えなければならない．すなわち同じ行，同じ列同士を加える必要がある．このような行列で表された量の足し算は，次のような数でできた行列の足し算に対応する．

$$\begin{pmatrix} 5 & 3 & 2 \\ 7 & 6 & 4 \\ 1 & 9 & 0 \end{pmatrix} + \begin{pmatrix} 6 & 2 & 3 \\ 8 & 7 & 1 \\ 2 & 5 & 2 \end{pmatrix} = \begin{pmatrix} 11 & 5 & 5 \\ 15 & 13 & 5 \\ 3 & 14 & 2 \end{pmatrix} \tag{4.3}$$

また 10 月 2 日の量が，10 月 1 日よりどのくらいの増減があるか求めるときに差が必要になる．行列の差も対応する要素の差によって定められる．

行列の和と差の定義を一般的に表すには次のように文字を使えばよい．

$$A = \begin{pmatrix} a_{11} & a_{12} & \cdots & a_{1n} \\ a_{21} & a_{22} & \cdots & a_{2n} \\ \cdots & \cdots & \cdots & \cdots \\ a_{m1} & a_{m2} & \cdots & a_{mn} \end{pmatrix}, \quad B = \begin{pmatrix} b_{11} & b_{12} & \cdots & b_{1n} \\ b_{21} & b_{22} & \cdots & b_{2n} \\ \cdots & \cdots & \cdots & \cdots \\ b_{m1} & b_{m2} & \cdots & b_{mn} \end{pmatrix} \text{に対して，}$$

$$A \pm B = \begin{pmatrix} a_{11} \pm b_{11} & a_{12} \pm b_{12} & \cdots & a_{1n} \pm b_{1n} \\ a_{21} \pm b_{21} & a_{22} \pm b_{22} & \cdots & a_{2n} \pm b_{2n} \\ \cdots & \cdots & \cdots & \cdots \\ a_{m1} \pm b_{m1} & a_{m2} \pm b_{m2} & \cdots & a_{mn} \pm b_{mn} \end{pmatrix} \tag{4.4}$$

全く同じ支店別製品別売上量が 2 カ月続いたときには，合計の量は支店別製品別に 2 倍すればよい．このことから，行列に定数をかけることは，行列のすべての要素に同じ数をかけることとして定められる．

$$A = \begin{pmatrix} a_{11} & a_{12} & \cdots & a_{1n} \\ a_{21} & a_{22} & \cdots & a_{2n} \\ \cdots & \cdots & \cdots & \cdots \\ a_{m1} & a_{m2} & \cdots & a_{mn} \end{pmatrix}, \quad \text{に対して，} kA = \begin{pmatrix} ka_{11} & ka_{12} & \cdots & ka_{1n} \\ ka_{21} & ka_{22} & \cdots & ka_{2n} \\ \cdots & \cdots & \cdots & \cdots \\ ka_{m1} & ka_{m2} & \cdots & ka_{mn} \end{pmatrix} \tag{4.5}$$

4.3 行列の積

商品のカタログ表には製品別 1 個当たりの定価や重さや体積が記載されている．単価はいいとしても「単重」，「単体」というのはあまり一般的ではないが，「1 個当たりの重さ」，「1 個当

表 **4.4** 電気製品のカタログ

	テレビ	ステレオ	ラジオ
単価	5 万円/台	8 万円/台	1 万円/台
単重	6 kg/台	8 kg/台	1 kg/台
単体	0.4 m^3/台	0.9 m^3/台	0.2 m^3/台

たりの体積」という意味である．

これに対して支店別製品別の配送量が与えられている．

表 **4.5** 電気製品のカタログ

	埼玉支店	横浜支店	京都支店
テレビの量	6 台	5 台	3 台
ステレオの量	4 台	7 台	3 台
ラジオの量	2 台	4 台	7 台

この 2 つの表から支店別の総価格・総重量・総体積を求めてみる．求める行列は次のような表に対応する．

表 **4.6** 支店別総量

	埼玉支店	横浜支店	京都支店
総価格	c_{11}	c_{12}	c_{13}
総重量	c_{21}	c_{22}	c_{23}
総体積	c_{31}	c_{32}	c_{33}

埼玉支店の総価格を求めるには，製品別の単価に埼玉支店の製品別の量をかけて加える．この計算は内積の計算である．

$$c_{11} = (5, 8, 1) \cdot \begin{pmatrix} 6 \\ 4 \\ 2 \end{pmatrix} = 5 \cdot 6 + 8 \cdot 4 + 1 \cdot 2 = 64 \tag{4.6}$$

c_{11} を求めるには，1 行目と 1 列目のベクトルの内積を計算すればよいことがわかる．

横浜支店の総価格は次のように計算できる．

$$c_{12} = (5, 8, 1) \cdot \begin{pmatrix} 5 \\ 7 \\ 4 \end{pmatrix} = 85 \tag{4.7}$$

c_{12} を求めるには，1 行目と 2 列目のベクトルの内積を計算すればよいことがわかる．総重量や総体積についても同様に計算できる．カタログ表からできる行列の横ベクトルを a_1, a_2, a_3 と表し，支店別製品の量からできる行列の横ベクトルを b^1, b^2, b^3 と表しておくと，積を表すのに便利である．

$$\begin{cases} \boldsymbol{a}_1 = (5, 8, 1) \\ \boldsymbol{a}_2 = (6, 8, 1) \\ \boldsymbol{a}_3 = (0.4, 0.9, 0.2) \end{cases} \tag{4.8}$$

$$\boldsymbol{b}^1 = \begin{pmatrix} 6 \\ 4 \\ 2 \end{pmatrix}, \quad \boldsymbol{b}^2 = \begin{pmatrix} 5 \\ 7 \\ 4 \end{pmatrix}, \quad \boldsymbol{b}^3 = \begin{pmatrix} 3 \\ 3 \\ 7 \end{pmatrix} \tag{4.9}$$

これらのベクトルを使うと，支店別の総価格・総重量・総体積を表す行列は次のように計算できる．

$$\begin{pmatrix} c_{11} & c_{12} & c_{13} \\ c_{21} & c_{22} & c_{23} \\ c_{31} & c_{32} & c_{33} \end{pmatrix} = \begin{pmatrix} \boldsymbol{a}_1 \cdot \boldsymbol{b}^1 & \boldsymbol{a}_1 \cdot \boldsymbol{b}^2 & \boldsymbol{a}_1 \cdot \boldsymbol{b}^3 \\ \boldsymbol{a}_2 \cdot \boldsymbol{b}^1 & \boldsymbol{a}_2 \cdot \boldsymbol{b}^2 & \boldsymbol{a}_2 \cdot \boldsymbol{b}^3 \\ \boldsymbol{a}_3 \cdot \boldsymbol{b}^1 & \boldsymbol{a}_3 \cdot \boldsymbol{b}^2 & \boldsymbol{a}_3 \cdot \boldsymbol{b}^3 \end{pmatrix} = \begin{pmatrix} 64 & 85 & 46 \\ 70 & 90 & 49 \\ 6.4 & 9.1 & 5.3 \end{pmatrix} \tag{4.10}$$

これが行列の**積**と呼ばれる計算である．

ところで製品の価格と重さだけが問題のときにはカタログは次のようになる．

表 4.7 製品別単価と単重

	テレビ	ステレオ	ラジオ
単価	5 万円/台	8 万円/台	1 万円/台
単重	6 kg	8 kg	1 kg

このカタログ表には 2 行 3 列の行列が対応する．さらに支店の数が 4 つの場合支店別総量を表す表は次のようになり，3 行 4 列の行列が対応する．

表 4.8 支店別総量

	埼玉支店	横浜支店	京都支店	名古屋支店
テレビの量	6 台	5 台	3 台	2 台
ステレオの量	4 台	7 台	3 台	5 台
ラジオの量	2 台	4 台	7 台	3 台

このとき求められる支店別の総価格と総重量は次の表になる．これは 2 行 4 列の行列に対応する．

表 4.9 支店別総量

	埼玉支店	横浜支店	京都支店	名古屋支店
総価格	c_{11}	c_{12}	c_{13}	c_{14}
総重量	c_{21}	c_{22}	c_{23}	c_{24}

行列の枠組みである行と列の数の関係をみると，次のようになっている．

$$(2\ 行\ 3\ 列の行列) \times (3\ 行\ 4\ 列の行列) = (2\ 行\ 4\ 列の行列) \tag{4.11}$$

一般に行列 $\boldsymbol{A} \times \boldsymbol{B} = \boldsymbol{C}$ が意味を持つのは $\boldsymbol{A}$ の列の数と $\boldsymbol{B}$ の行の数が一致していなくてはならない．このとき積の行列 $\boldsymbol{C}$ の行の数は $\boldsymbol{A}$ の行の数であり，$\boldsymbol{C}$ の列の数は $\boldsymbol{B}$ の列の数である．

$$(m\ 行\ k\ 列の行列) \times (k\ 行\ n\ 列の行列) = (m\ 行\ n\ 列の行列) \tag{4.12}$$

このとき $\boldsymbol{C}$ の i 行 j 列 の要素 c_{ij} は，$\boldsymbol{A}$ の i 行目 のベクトル a_i と $\boldsymbol{B}$ の j 列目 のベクトル b_j の内積で定まる．

$$c_{ij} = \boldsymbol{a}_i \cdot \boldsymbol{b}_j = (a_{i1}, a_{i2}, \cdots, a_{ik}) \cdot \begin{pmatrix} b_{1j} \\ c_{2j} \\ \cdots \\ c_{kj} \end{pmatrix} = \sum_{t=1}^{k} a_{it} b_{tj} \tag{4.13}$$

$$\begin{pmatrix} \cdots & \cdots & \cdots & \cdots \\ a_{i1} & a_{i2} & \cdots & a_{ik} \\ \cdots & \cdots & \cdots & \cdots \end{pmatrix} \begin{pmatrix} \cdots & b_{1j} & \cdots \\ \cdots & b_{2j} & \cdots \\ \cdots & \cdots & \cdots \\ \cdots & b_{kj} & \cdots \end{pmatrix} = \begin{pmatrix} \cdots & \cdots & \cdots \\ \cdots & c_{ij} & \cdots \\ \cdots & \cdots & \cdots \end{pmatrix} \tag{4.14}$$

4.4　結合法則と分配法則

2 つの行列の積

$$\begin{pmatrix} 2 & 3 \\ 4 & 5 \\ 6 & 7 \end{pmatrix} \begin{pmatrix} 1 & 2 & 3 & 4 \\ 5 & 6 & 7 & 8 \end{pmatrix} \tag{4.15}$$

は計算ができるが，かける順序を入れ替えた積

$$\begin{pmatrix} 1 & 2 & 3 & 4 \\ 5 & 6 & 7 & 8 \end{pmatrix} \begin{pmatrix} 2 & 3 \\ 4 & 5 \\ 6 & 7 \end{pmatrix} \tag{4.16}$$

は計算ができない．一般に行列 $\boldsymbol{AB}$ が定まっても $\boldsymbol{BA}$ は定まらない．

さらに $\boldsymbol{AB}$ と $\boldsymbol{BA}$ が定まる場合でも等しいとは限らない．次の例をみればわかろう．

$$\begin{pmatrix} 1 & 2 & 3 \\ 4 & 5 & 6 \\ 7 & 8 & 9 \end{pmatrix} \begin{pmatrix} 10 & 11 & 12 \\ 13 & 14 & 15 \\ 16 & 17 & 18 \end{pmatrix} = \begin{pmatrix} 84 & 90 & 96 \\ 201 & 216 & 231 \\ 318 & 342 & 366 \end{pmatrix} \tag{4.17}$$

$$\begin{pmatrix} 10 & 11 & 12 \\ 13 & 14 & 15 \\ 16 & 17 & 18 \end{pmatrix} \begin{pmatrix} 1 & 2 & 3 \\ 4 & 5 & 6 \\ 7 & 8 & 9 \end{pmatrix} = \begin{pmatrix} 138 & 171 & 204 \\ 174 & 216 & 258 \\ 210 & 261 & 312 \end{pmatrix} \tag{4.18}$$

数の場合の 0 に相当するのは，全部の要素が 0 の行列で零行列と呼ばれ次のように表す．下の例は 3 行 3 列の零行列である．

$$\boldsymbol{O} = \begin{pmatrix} 0 & 0 & 0 \\ 0 & 0 & 0 \\ 0 & 0 & 0 \end{pmatrix} \tag{4.19}$$

どの行列に零行列を加えても変化がない．

$$\boldsymbol{A}+\boldsymbol{O}=\begin{pmatrix} a_{11} & a_{12} & a_{13} \\ a_{21} & a_{22} & a_{23} \\ a_{31} & a_{32} & a_{33} \end{pmatrix}+\begin{pmatrix} 0 & 0 & 0 \\ 0 & 0 & 0 \\ 0 & 0 & 0 \end{pmatrix}=\begin{pmatrix} a_{11} & a_{12} & a_{13} \\ a_{21} & a_{22} & a_{23} \\ a_{31} & a_{32} & a_{33} \end{pmatrix}=\boldsymbol{A} \quad (4.20)$$

数の場合の 1 に相当するのは，対角線だけに 1 が並び，そのほかは 0 の行列で**単位行列**と呼ばれ $\boldsymbol{E}$ で表す．

$$\boldsymbol{E}=\begin{pmatrix} 1 & 0 & 0 \\ 0 & 1 & 0 \\ 0 & 0 & 1 \end{pmatrix} \quad (4.21)$$

どの行列に単位行列をかけても変化がない．

$$\boldsymbol{AE}=\begin{pmatrix} a_{11} & a_{12} & a_{13} \\ a_{21} & a_{22} & a_{23} \\ a_{31} & a_{32} & a_{33} \end{pmatrix}\begin{pmatrix} 1 & 0 & 0 \\ 0 & 1 & 0 \\ 0 & 0 & 1 \end{pmatrix}=\begin{pmatrix} a_{11} & a_{12} & a_{13} \\ a_{21} & a_{22} & a_{23} \\ a_{31} & a_{32} & a_{33} \end{pmatrix}=\boldsymbol{A} \quad (4.22)$$

3 つの行列をかけるとき，$(\boldsymbol{AB})\boldsymbol{C}$ のように $\boldsymbol{AB}$ を先にかけてそこに $\boldsymbol{C}$ をかけても，$\boldsymbol{A}(\boldsymbol{BC})$ のように，$\boldsymbol{BC}$ を先にかけてそこに $\boldsymbol{A}$ をかけても等しい結果が得られる．これを積についての**結合法則**という．

$$(\boldsymbol{AB})\boldsymbol{C}=\boldsymbol{A}(\boldsymbol{BC}) \quad (4.23)$$

結合法則を一般的に示すには，左辺の (i,j) 要素 x_{ij} と右辺の (i,j) 要素 y_{ij} を計算してみればよい．

$$\begin{aligned} x_{ij} &= \sum_m \left(\sum_k a_{ik}b_{km}\right)c_{mj} \\ &= \sum_m \sum_k a_{ik}b_{km}c_{mj} \\ &= \sum_k a_{ik}\left(\sum_m b_{km}c_{mj}\right) = y_{ij} \end{aligned} \quad (4.24)$$

さらに和と積の関係として次の式が成り立つ．これらを**分配法則**という．

$$\begin{cases} \boldsymbol{A}(\boldsymbol{B}+\boldsymbol{C})=\boldsymbol{AB}+\boldsymbol{AC} \\ (\boldsymbol{A}+\boldsymbol{B})\boldsymbol{C}=\boldsymbol{AC}+\boldsymbol{BC} \end{cases} \quad (4.25)$$

これを一般的に示してみよう．左辺の (i,j) 要素 x_{ij} を変形する．

$$\begin{aligned} x_{ij} &= \sum_k a_{ik}(b_{kj}+c_{kj}) \\ &= \sum_k (a_{ik}b_{kj}+a_{ik}c_{kj}) \\ &= \sum_k a_{ik}b_{ik}+\sum_k a_{ik}c_{kj} = \text{右辺の } (i,j) \text{ 要素} \end{aligned} \quad (4.26)$$

行列 A の行と列を入れ替えた行列を**転置行列**といい，${}^t\boldsymbol{A}$ で表す．

$$\boldsymbol{A} = \begin{pmatrix} 1 & 2 & 3 \\ 4 & 5 & 6 \\ 7 & 8 & 9 \end{pmatrix}, \quad {}^t\boldsymbol{A} = \begin{pmatrix} 1 & 4 & 7 \\ 2 & 5 & 8 \\ 3 & 6 & 9 \end{pmatrix} \tag{4.27}$$

[例題 **1**]

次の行列の積を求めよ．

$$\begin{pmatrix} 3 & -1 & 0 \\ 0 & 2 & 1 \\ 0 & 0 & 4 \end{pmatrix} \times \begin{pmatrix} 5 & 2 \\ -2 & 0 \\ 0 & 1 \end{pmatrix} \tag{4.28}$$

[解]

$$\begin{pmatrix} 3\cdot 5 + (-1)\cdot(-2) + 0\cdot 0 & 3\cdot 2 + (-1)\cdot 0 + 0\cdot 1 \\ 0\cdot 5 + 2\cdot(-2) + 1\cdot 0 & 0\cdot 2 + 2\cdot 0 + 1\cdot 1 \\ 0\cdot 5 + 0\cdot(-2) + 4\cdot 0 & 0\cdot 2 + 0\cdot 0 + 4\cdot 1 \end{pmatrix} = \begin{pmatrix} 17 & 6 \\ -4 & 1 \\ 0 & 4 \end{pmatrix} \tag{4.29}$$

[例題 **2**]

次のように行列 $\boldsymbol{A}$, $\boldsymbol{B}$ が与えられている．積を $\boldsymbol{AB} = \boldsymbol{C}$ とおく．行列 $\boldsymbol{C}$ の (2,3) 要素すなわち 2 行目と 3 列目の交差した位置の要素 c_{23} を求めよ．

$$\boldsymbol{A} = \begin{pmatrix} 21 & 34 & 10 & 45 \\ 1 & 0 & 3 & 0 \\ 19 & 34 & 71 & 14 \\ 54 & 68 & 42 & 87 \\ 0.2 & 0.5 & 0.3 & 0.7 \end{pmatrix}, \quad \boldsymbol{B} = \begin{pmatrix} 32 & 97 & 4 \\ 23 & 99 & 5 \\ 32 & 77 & 1 \\ 72 & 24 & 2 \end{pmatrix} \tag{4.30}$$

[解] $c_{23} = 1\cdot 4 + 0\cdot 5 + 3\cdot 1 + 0\cdot 2 = 7$

第 4 章　演習問題

(1) 2 つの行列 A, B が次のように与えられている．このとき次の行列を求めよ．

(a) $2\boldsymbol{A}$　　(b) $\boldsymbol{A} + \boldsymbol{B}$　　(c) $2\boldsymbol{A} + 3\boldsymbol{B}$

$$\boldsymbol{A} = \begin{pmatrix} 2 & 0 & 3 \\ -2 & -1 & 4 \\ 0 & 5 & 7 \end{pmatrix}, \quad \boldsymbol{B} = \begin{pmatrix} 4 & 2 & 1 \\ 0 & 0 & 5 \\ 8 & 2 & 1 \end{pmatrix} \tag{4.31}$$

(2) 2 つの行列 $\boldsymbol{A}$, $\boldsymbol{B}$ が次のように与えられている．このとき行列の積 AB を求めよ．

$$\boldsymbol{A} = \begin{pmatrix} 1 & 0 & 3 \\ -2 & 1 & 4 \end{pmatrix}, \quad \boldsymbol{B} = \begin{pmatrix} 2 & 0 & 1 & 1 \\ 0 & 0 & 3 & 0 \\ 8 & 2 & 1 & 0 \end{pmatrix} \tag{4.32}$$

(3) 1 行だけとか 1 列だけになった行列はベクトルと区別が付かないが，ここでは行列の特殊な場合と考えて次の積を求めよ.

$$\begin{pmatrix} 3 \\ 4 \\ 7 \end{pmatrix}(5,\ 2,\ 9), \quad (3,\ 4,\ 7)\begin{pmatrix} 5 \\ 2 \\ 9 \end{pmatrix} \tag{4.33}$$

(4) 次の行列の積を求めよ.

$$\begin{pmatrix} 21 & 34 & 45 & 71 & 12 \\ 54 & 65 & 90 & 42 & 57 \\ 12 & 18 & 29 & 37 & 16 \end{pmatrix} \times \begin{pmatrix} 0.3 & 0.8 & 0.2 & 0.7 \\ 0.1 & 0.3 & 0.9 & 0.2 \\ 0.7 & 0.2 & 0.1 & 0.8 \\ 0.3 & 0.5 & 0.6 & 0.1 \\ 0.9 & 0.8 & 0.1 & 0.7 \end{pmatrix} \tag{4.34}$$

第5章　線形変換

5.1　正比例関数

ある商品の定価が一定で，たとえばはりがねが 1 m 当たり 3 円とする．3 円/m このとき購入する長さ x m とその価格 y 円は次の式で表せる．

$$y = 3x \tag{5.1}$$

x が定まるとそれに応じて y が定まるが，その規則を関数といい $y = f(x)$ で表す．関数は図のようにブラックボックスを用いて表すとわかりやすい．

図 **5.1**　関数のブラックボックス

ブラックボックスに入ってくる変数を**入力**，出ていく変数を**出力**という．上のように入力にある定数をかけて出力として出すような関数を**正比例関数**という．かける定数を**比例定数**という．ここで正比例関数の性質を調べておこう．

太郎君が購入したはりがねの量を x とし，次郎君が購入した量を x' とすると 2 人の購入量は $x+x'$ となる．これに対する金額は $f(x+x')$ と表せる．この金額は一人一人の金額 $f(x)$, と $f(x')$ の和に等しいはずである．

$$f(x + x') = f(x) + f(x') \tag{5.2}$$

この性質は式の変形でも容易に確かめることができる．

$$f(x + x') = 3(x + x') = 3x + 3x' = f(x) + f(x') \tag{5.3}$$

また 5 人が同じ量 x を購入したときの量 $5x$ に対する金額は $f(5x)$ であるが，これは 1 人の金額 $f(x)$ の 5 倍に等しい．この性質は任意の実数 k について成り立つ．

$$f(kx) = kf(x) \tag{5.4}$$

2 つの性質，式 (5.2) と式 (5.4) をあわせて**線形性**という．線形という名前は，正比例関数のグラフが直線になることから来ている．

5.2　多次元の正比例関数

4 章で扱った電気製品のカタログ表を思い出そう．

表 5.1 電気製品のカタログ

	テレビ	ステレオ	ラジオ
単価	5 万円/台	8 万円/台	2 万円/台
単重	6 kg/台	9 kg/台	1 kg/台
単体	$0.4\,\mathrm{m}^3$/台	$0.9\,\mathrm{m}^3$/台	$0.2\,\mathrm{m}^3$/台

この店で製品別の仕入れる数量をテレビ x_1 台，ステレオ x_2 台，ラジオ x_3 台とする．これに対する総価格 y_1，総重量 y_2，総体積 y_3 は次のように表せる．

$$\begin{cases} y_1 = 5x_1 + 8x_2 + 2x_3 \\ y_2 = 6x_1 + 9x_2 + 1x_2 \\ y_3 = 0.4x_1 + 0.9x_2 + 0.2x_3 \end{cases} \tag{5.5}$$

この関係式を行列の積を使うと次のように表せる．

$$\begin{pmatrix} y_1 \\ y_2 \\ y_3 \end{pmatrix} = \begin{pmatrix} 5 & 8 & 2 \\ 6 & 9 & 1 \\ 0.4 & 0.9 & 0.2 \end{pmatrix} \begin{pmatrix} x_1 \\ x_2 \\ x_3 \end{pmatrix} \tag{5.6}$$

次のようにベクトルを $\boldsymbol{x}$, $\boldsymbol{y}$ で表し，行列を $\boldsymbol{A}$ で表してみよう．

$$\boldsymbol{y} = \begin{pmatrix} y_1 \\ y_2 \\ y_3 \end{pmatrix}, \quad \boldsymbol{x} = \begin{pmatrix} x_1 \\ x_2 \\ x_3 \end{pmatrix}, \quad \boldsymbol{A} = \begin{pmatrix} 5 & 8 & 2 \\ 6 & 9 & 1 \\ 0.4 & 0.9 & 0.2 \end{pmatrix} \tag{5.7}$$

この記号を使うと式 (5.6) は次のようにも表せる．さらに 3 次元のベクトルから 3 次元のベクトルを導く関数も同じように $f(\ )$ を使って表す．

$$\boldsymbol{y} = f(\boldsymbol{x}) = \boldsymbol{A}\boldsymbol{x} \tag{5.8}$$

このように入力したベクトルに行列をかけてベクトルを出力する関数を**線形変換**という．入力するベクトルの次元と出力するベクトルの次元は異なってもよい．

入力するベクトルの次元が m，出力するベクトルの次元が n のとき，行列 $\boldsymbol{A}$ は m 行 n 列の行列である．

$$\begin{pmatrix} y_1 \\ y_2 \\ \cdots \\ y_m \end{pmatrix} = \begin{pmatrix} a_{11} & a_{12} & \cdots & a_{1n} \\ a_{21} & a_{22} & \cdots & a_{2n} \\ \cdots & \cdots & \cdots & \cdots \\ a_{m1} & a_{m2} & \cdots & a_{mn} \end{pmatrix} \begin{pmatrix} x_1 \\ x_2 \\ \cdots \\ x_n \end{pmatrix} \tag{5.9}$$

線形変換 $y = f(x)$ が次のように与えられているとき，ベクトル $\boldsymbol{x}$ にいくつかの具体例を入れてベクトル $\boldsymbol{y}$ を求めてみよう．

$$\boldsymbol{y} = f(\boldsymbol{x}) = \begin{pmatrix} 4 & 1 & 7 \\ 3 & 2 & 9 \\ 5 & 6 & 8 \end{pmatrix} \begin{pmatrix} x_1 \\ x_2 \\ x_3 \end{pmatrix} \tag{5.10}$$

$\boldsymbol{x} = \begin{pmatrix} x_1 \\ x_2 \\ x_3 \end{pmatrix} = \begin{pmatrix} 3 \\ 7 \\ 5 \end{pmatrix}$ に対する $\boldsymbol{y}$ は次のように計算できる．

$$\boldsymbol{y} = f(\boldsymbol{x}) = \begin{pmatrix} 4 & 1 & 7 \\ 3 & 2 & 9 \\ 5 & 6 & 8 \end{pmatrix} \begin{pmatrix} 3 \\ 7 \\ 5 \end{pmatrix} = \begin{pmatrix} 54 \\ 68 \\ 97 \end{pmatrix} \tag{5.11}$$

ここでは $\boldsymbol{A} \cdot \boldsymbol{x}$ を行列と行列の積と考えてかけている．ベクトル $\begin{pmatrix} 3 \\ 7 \\ 5 \end{pmatrix}$ を 3 行 1 列の行列として扱う．

「行列 $\times$ ベクトル」においては，ベクトルを 3 行 1 列の行列としてかけている場合に対応している．ただし順序を逆にして「ベクトル $\times$ 行列」にするときのベクトルは，1 行 3 列の行列と考えた演算に対応する．

正比例関数 $y = f(x) = 3x$ の場合において，$x = 1$ のときの y の値 3 は比例定数になっている．3 次元のベクトルのうち $x = 1$ に相当するベクトルは，次のように 3 つあり基本ベクトルと呼ばれる．

$$\boldsymbol{e}_1 = \begin{pmatrix} 1 \\ 0 \\ 0 \end{pmatrix}, \quad \boldsymbol{e}_2 = \begin{pmatrix} 0 \\ 1 \\ 0 \end{pmatrix}, \quad \boldsymbol{e}_3 = \begin{pmatrix} 0 \\ 0 \\ 1 \end{pmatrix} \tag{5.12}$$

次の線形変換において基本ベクトル $\boldsymbol{e}_1$，$\boldsymbol{e}_2$，$\boldsymbol{e}_3$ を入力してみよう．

$$\boldsymbol{y} = \begin{pmatrix} y_1 \\ y_2 \\ y_3 \end{pmatrix} = f(\boldsymbol{x}) = f\left(\begin{pmatrix} x_1 \\ x_2 \\ x_3 \end{pmatrix}\right) = Ax = \begin{pmatrix} 1 & 4 & 7 \\ 2 & 5 & 8 \\ 3 & 6 & 9 \end{pmatrix} \begin{pmatrix} x_1 \\ x_2 \\ x_3 \end{pmatrix} \tag{5.13}$$

$$f(\boldsymbol{e}_1) = \begin{pmatrix} 1 & 4 & 7 \\ 2 & 5 & 8 \\ 3 & 6 & 9 \end{pmatrix} \begin{pmatrix} 1 \\ 0 \\ 0 \end{pmatrix} = \begin{pmatrix} 1 \\ 2 \\ 3 \end{pmatrix} \tag{5.14}$$

$f(\boldsymbol{e}_1)$ は 1 列目のベクトルに等しいことがわかる．$f(\boldsymbol{e}_2)$ は 2 列目のベクトル，$f(\boldsymbol{e}_3)$ は 3 列目のベクトルを表す．

$$f(\boldsymbol{e}_2) = \begin{pmatrix} 1 & 4 & 7 \\ 2 & 5 & 8 \\ 3 & 6 & 9 \end{pmatrix} \begin{pmatrix} 0 \\ 1 \\ 0 \end{pmatrix} = \begin{pmatrix} 4 \\ 5 \\ 6 \end{pmatrix}, \quad f(\boldsymbol{e}_3) = \begin{pmatrix} 1 & 4 & 7 \\ 2 & 5 & 8 \\ 3 & 6 & 9 \end{pmatrix} \begin{pmatrix} 0 \\ 0 \\ 1 \end{pmatrix} = \begin{pmatrix} 7 \\ 8 \\ 9 \end{pmatrix} \tag{5.15}$$

$f(\boldsymbol{e}_1)$，$f(\boldsymbol{e}_2)$，$f(\boldsymbol{e}_3)$ によって行列 $\boldsymbol{A}$ が定まり，線形変換が定まっていることもわかる．

また，一般の線形変換についても線形性が成り立つ．

$$\begin{cases} f(\boldsymbol{x} + \boldsymbol{x}') = f(\boldsymbol{x}) + f(\boldsymbol{x}') \\ f(k\boldsymbol{x}) = kf(\boldsymbol{x}) \end{cases} \tag{5.16}$$

行列で表すと次のようになることから，線形性は行列の積と和の分配法則から来ていることがわかろう．

$$\boldsymbol{A}(\boldsymbol{x} + \boldsymbol{x}') = \boldsymbol{A}\boldsymbol{x} + \boldsymbol{A}\boldsymbol{x}', \quad \boldsymbol{A}(k\boldsymbol{x}) = k(\boldsymbol{A}\boldsymbol{x}) \tag{5.17}$$

［例題 1］

3 行 3 列の行列を一般的に作り，その行列をかけて線形変換を作り，$\boldsymbol{e}_1$，$\boldsymbol{e}_2$，$\boldsymbol{e}_3$ を代入してみよ．また $f(\boldsymbol{e}_1+\boldsymbol{e}_2)$ と $f(\boldsymbol{e}_1)+f(\boldsymbol{e}_2)$ を求めて等しいことを確かめよ．

［解］

$$\boldsymbol{y}=f(\boldsymbol{x})=\begin{pmatrix} a_{11} & a_{13} & a_{13} \\ a_{21} & a_{22} & a_{23} \\ a_{31} & a_{32} & a_{33} \end{pmatrix}\begin{pmatrix} x_1 \\ x_2 \\ x_3 \end{pmatrix} \tag{5.18}$$

$$f(\boldsymbol{e}_1)=\begin{pmatrix} a_{11} \\ a_{21} \\ a_{31} \end{pmatrix}, \quad f(\boldsymbol{e}_2)=\begin{pmatrix} a_{12} \\ a_{22} \\ a_{32} \end{pmatrix}, \quad f(\boldsymbol{e}_3)=\begin{pmatrix} a_{13} \\ a_{23} \\ a_{33} \end{pmatrix} \tag{5.19}$$

$$f(\boldsymbol{e}_1+\boldsymbol{e}_2)=\begin{pmatrix} a_{11} & a_{13} & a_{13} \\ a_{21} & a_{22} & a_{23} \\ a_{31} & a_{32} & a_{33} \end{pmatrix}\begin{pmatrix} 1 \\ 1 \\ 0 \end{pmatrix}=\begin{pmatrix} a_{11}+a_{12} \\ a_{21}+a_{22} \\ a_{31}+a_{32} \end{pmatrix} \tag{5.20}$$

$$f(\boldsymbol{e}_1)+f(\boldsymbol{e}_2)=\begin{pmatrix} a_{11} \\ a_{21} \\ a_{31} \end{pmatrix}+\begin{pmatrix} a_{12} \\ a_{22} \\ a_{32} \end{pmatrix}=\begin{pmatrix} a_{11}+a_{12} \\ a_{21}+a_{22} \\ a_{31}+a_{32} \end{pmatrix} \tag{5.21}$$

よって，$f(\boldsymbol{e}_1+\boldsymbol{e}_2)=f(\boldsymbol{e}_1)+f(\boldsymbol{e}_2)$ が確かめられた．

5.3 合成変換と行列の積

$\boldsymbol{x}=\begin{pmatrix} x_1 \\ x_2 \end{pmatrix}$ から $\boldsymbol{y}=\begin{pmatrix} y_1 \\ y_2 \end{pmatrix}$ が $\boldsymbol{y}=f(\boldsymbol{x})$ と定まり，次に $\boldsymbol{y}=\begin{pmatrix} y_1 \\ y_2 \end{pmatrix}$ から $\boldsymbol{z}=\begin{pmatrix} z_1 \\ z_2 \end{pmatrix}$ が $\boldsymbol{z}=g(\boldsymbol{y})$ と定まっているとしよう．

このとき，$\boldsymbol{x}$ から $\boldsymbol{z}$ が定まる法則を f と g の**合成関数**といい $f\circ g$ と表す．次のようになっている．

$$\boldsymbol{z}=(f\circ g)(\boldsymbol{x})=g(\boldsymbol{y})=g(f(\boldsymbol{x})) \tag{5.22}$$

この様子を次のようなブラックボックスで表すとわかりやすい．

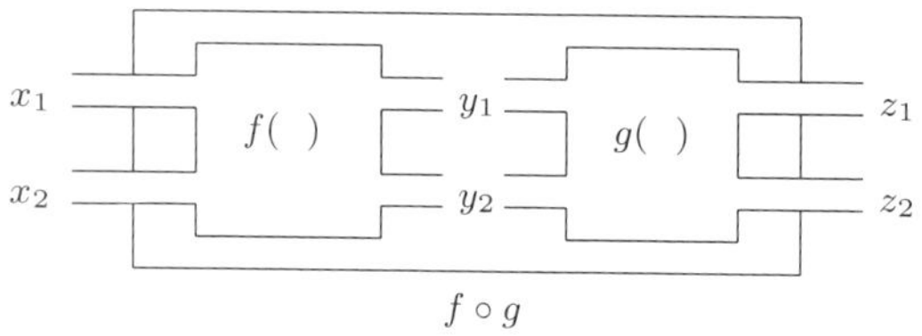

図 **5.2** 合成関数のブラックボックス

ここでは $\boldsymbol{y}=f(\boldsymbol{x})$，$\boldsymbol{z}=g(\boldsymbol{y})$ がともに線形変換で，次のように表されている場合を調べよう．

$$\begin{cases} y_1=a_{11}x_1+a_{12}x_2 \\ y_2=a_{21}x_1+a_{22}x_2 \end{cases}, \quad \begin{cases} z_1=b_{11}y_1+b_{12}y_2 \\ z_2=b_{21}y_1+b_{22}y_2 \end{cases} \tag{5.23}$$

ここで z_1, z_2 が x_1, x_2 からどのような式で表されているかめるために，x_1, x_2 で表した y_1, y_2 を z_1, z_2 の式に代入してみよう．

$$\begin{cases} z_1 = b_{11}(a_{11}x_1 + a_{12}x_2) + b_{12}(a_{21}x_1 + a_{22}x_2) \\ \quad = (b_{11}a_{11} + b_{12}a_{21})x_1 + (b_{11}a_{12} + b_{12}a_{22})x_2 \\ z_2 = b_{21}(a_{11}x_1 + a_{12}x_2) + b_{22}(a_{21}x_1 + a_{22}x_2) \\ \quad = (b_{21}a_{11} + b_{22}a_{21})x_1 + (b_{21}a_{12} + b_{22}a_{22})x_2 \end{cases} \tag{5.24}$$

実は，この計算は行列の積と同じことであることがわかる．そのために，線形変換を行列で表してみる．

$$\begin{pmatrix} y_1 \\ y_2 \end{pmatrix} = \begin{pmatrix} a_{11} & a_{12} \\ a_{21} & a_{22} \end{pmatrix} \begin{pmatrix} x_1 \\ x_2 \end{pmatrix}, \quad \begin{pmatrix} z_1 \\ z_2 \end{pmatrix} = \begin{pmatrix} b_{11} & b_{12} \\ b_{21} & b_{22} \end{pmatrix} \begin{pmatrix} y_1 \\ y_2 \end{pmatrix} \tag{5.25}$$

ここで $\begin{pmatrix} z_1 \\ z_2 \end{pmatrix}$ を $\begin{pmatrix} x_1 \\ x_2 \end{pmatrix}$ で表してみよう．

$$\begin{aligned} \begin{pmatrix} z_1 \\ z_2 \end{pmatrix} &= \begin{pmatrix} b_{11} & b_{12} \\ b_{21} & b_{22} \end{pmatrix} \left(\begin{pmatrix} a_{11} & a_{12} \\ a_{21} & a_{22} \end{pmatrix} \begin{pmatrix} x_1 \\ x_2 \end{pmatrix} \right) \\ &= \left(\begin{pmatrix} b_{11} & b_{12} \\ b_{21} & b_{22} \end{pmatrix} \begin{pmatrix} a_{11} & a_{12} \\ a_{21} & a_{22} \end{pmatrix} \right) \begin{pmatrix} x_1 \\ x_2 \end{pmatrix} \\ &= \begin{pmatrix} a_{11}b_{11} + a_{12}b_{21} & a_{11}b_{12} + a_{12}b_{22} \\ a_{21}b_{11} + a_{22}b_{21} & a_{21}b_{12} + a_{22}b_{22} \end{pmatrix} \begin{pmatrix} x_1 \\ x_2 \end{pmatrix} \end{aligned} \tag{5.26}$$

以上は 2 次元ベクトルから 2 次元ベクトルが出てくる線形変換を例にとったが，一般に線形変換の合成変換を表す行列を調べてみよう．

行列 $\boldsymbol{A}$, $\boldsymbol{B}$ を使って $\boldsymbol{y} = f(\boldsymbol{x}) = \boldsymbol{A}\boldsymbol{x}$, $\boldsymbol{z} = g(\boldsymbol{y}) = \boldsymbol{B}\boldsymbol{y}$ となっているとき，$\boldsymbol{z} = (f \circ g)(\boldsymbol{x}) = \boldsymbol{C}\boldsymbol{x}$ となる行列は次のようにして $\boldsymbol{C} = \boldsymbol{B}\boldsymbol{A}$ であることがわかる．

$$\boldsymbol{z} = \boldsymbol{B}\boldsymbol{y} = \boldsymbol{B}(\boldsymbol{A}\boldsymbol{x}) = (\boldsymbol{B}\boldsymbol{A})\boldsymbol{x} \tag{5.27}$$

このようにして線形変換の合成変換と，行列の積が対応していることがわかる．行列の積をこのように線形変換の合成変換から導入することもできる．

線形変換と行列が対応しているが，合成変換に対する行列が次のように順序が逆になることに注意する．

$$f(\ ) \iff \boldsymbol{A}, \quad g(\ ) \iff \boldsymbol{B}, \quad \text{のとき} \quad (f \circ g)(\ ) \iff \boldsymbol{B}\boldsymbol{A} \tag{5.28}$$

[例題 **2**]

次のような 2 つの線形変換 $\boldsymbol{y} = f(\boldsymbol{x})$, $\boldsymbol{z} = g(\boldsymbol{y})$ がある．

$$\begin{cases} y_1 = 1x_1 + 2x_2 + 3x_3 \\ y_2 = 4x_1 + 5x_2 + 6x_3 \\ y_3 = 7x_1 + 8x_2 + 9x_3 \end{cases}, \quad \begin{cases} z_1 = 10y_1 + 11y_2 + 12y_3 \\ z_2 = 13y_1 + 14y_2 + 15y_3 \\ z_3 = 16y_1 + 17y_2 + 18y_3 \end{cases} \tag{5.29}$$

f と g の合成変換 $f \circ g$ を表す行列 C を求めよ．またベクトル $\boldsymbol{x}$ を次のようにしたときのベクトル $\boldsymbol{z}$ を求めよ．

$$\boldsymbol{x} = \begin{pmatrix} x_1 \\ x_2 \\ x_3 \end{pmatrix} = \begin{pmatrix} 1 \\ 2 \\ 3 \end{pmatrix} \tag{5.30}$$

[解] $f,\ g$ に対応する行列 $\boldsymbol{A},\ \boldsymbol{B}$ と $f \circ g$ に対応する行列 $\boldsymbol{BA}$ は次のようになる．

$$\boldsymbol{A} = \begin{pmatrix} 1 & 2 & 3 \\ 4 & 5 & 6 \\ 7 & 8 & 9 \end{pmatrix}, \quad \boldsymbol{B} = \begin{pmatrix} 10 & 11 & 12 \\ 13 & 14 & 15 \\ 16 & 17 & 18 \end{pmatrix} \tag{5.31}$$

$$\boldsymbol{C} = \boldsymbol{BA} = \begin{pmatrix} 138 & 171 & 204 \\ 174 & 216 & 258 \\ 210 & 261 & 312 \end{pmatrix} \tag{5.32}$$

$$\boldsymbol{Z} = \boldsymbol{C} \begin{pmatrix} 1 \\ 2 \\ 3 \end{pmatrix} = \begin{pmatrix} 1092 \\ 1380 \\ 1668 \end{pmatrix} \tag{5.33}$$

第5章　演習問題

(1) 線形変換 $\boldsymbol{y} = f(\boldsymbol{x})$ が次のように与えられている．

$$y_1 = 5x_1 - 3x_2 + 9x_3, \quad y_2 = x_2 - 5x_3, \quad y_3 = 6x_2 + 3x_3 \tag{5.34}$$

(a) この線形変換を行列を使って表せ．

(b) 基本ベクトル $\boldsymbol{e}_1,\ \boldsymbol{e}_2,\ \boldsymbol{e}_3$ に対して $f(\boldsymbol{e}_1),\ f(\boldsymbol{e}_2),\ f(\boldsymbol{e}_3)$ はどのようなベクトルか．

(c) $\boldsymbol{x} = \begin{pmatrix} 5 \\ 3 \\ 7 \end{pmatrix}$ に対する $\boldsymbol{y} = f(\boldsymbol{x})$ を求めよ．

(2) 4 次元のベクトル $\boldsymbol{x}$ に 3 次元のベクトル $\boldsymbol{y}$ を対応させる線形変換 $\boldsymbol{y} = f(\boldsymbol{x})$ がある．4 次元の基本ベクトル

$$\boldsymbol{e}_1 = \begin{pmatrix} 1 \\ 0 \\ 0 \\ 0 \end{pmatrix}, \quad \boldsymbol{e}_2 = \begin{pmatrix} 0 \\ 1 \\ 0 \\ 0 \end{pmatrix}, \quad \boldsymbol{e}_3 = \begin{pmatrix} 0 \\ 0 \\ 1 \\ 0 \end{pmatrix}, \quad \boldsymbol{e}_4 = \begin{pmatrix} 0 \\ 0 \\ 0 \\ 1 \end{pmatrix} \tag{5.35}$$

に対して $f(\boldsymbol{e}_1),\ f(\boldsymbol{e}_2),\ f(\boldsymbol{e}_3),\ f(\boldsymbol{e}_4)$ が次のように与えられている．

$$f(\boldsymbol{e}_1) = \begin{pmatrix} 3 \\ 2 \\ 7 \end{pmatrix}, \quad f(\boldsymbol{e}_2) = \begin{pmatrix} 4 \\ 5 \\ 1 \end{pmatrix}, \quad f(\boldsymbol{e}_3) = \begin{pmatrix} 8 \\ 9 \\ 2 \end{pmatrix}, \quad f(\boldsymbol{e}_4) = \begin{pmatrix} 0 \\ 6 \\ 5 \end{pmatrix} \tag{5.36}$$

(a) この線形変換 $y = f(\boldsymbol{x})$ を行列で表せ.

(b) この線形変換 $y = f(\boldsymbol{x})$ を成分の関係として y_1, y_2, y_3 を x_1, x_2, x_3, x_4 で表せ.

(c) ベクトル $\boldsymbol{x}$ を次のようにしたときのベクトル y を求めよ.

$$x = \begin{pmatrix} x_1 \\ x_2 \\ x_3 \\ x_4 \end{pmatrix} = \begin{pmatrix} 1 \\ 2 \\ 3 \\ 4 \end{pmatrix} \tag{5.37}$$

(3) 3 次元ベクトル $\boldsymbol{x}$ から 3 次元ベクトル $\boldsymbol{y}$ を得る線形変換 $\boldsymbol{y} = f(\boldsymbol{x})$ があり, 2 つのベクトル $\boldsymbol{a}$, b に対して

$$f(\boldsymbol{a}) = \begin{pmatrix} 3 \\ 5 \\ 1 \end{pmatrix}, \quad f(\boldsymbol{b}) = \begin{pmatrix} 6 \\ 9 \\ 8 \end{pmatrix} \tag{5.38}$$

となっている. 次のベクトルを求めよ.

$$f(\boldsymbol{a} + \boldsymbol{b} + 2\boldsymbol{a} + 3\boldsymbol{b}) \tag{5.39}$$

第6章　線形変換による図形の変換

6.1　格子点の変換

線形変換によるベクトルの変換を図形上で見てみよう．2 次元ベクトル $\boldsymbol{x}$ から 2 次元ベクトル $\boldsymbol{y}$ を作る次のような線形変換 $\boldsymbol{y} = f(\boldsymbol{x})$ を調べる．

$$\begin{pmatrix} y_1 \\ y_2 \end{pmatrix} = \begin{pmatrix} 3 & -1 \\ 1 & 2 \end{pmatrix} \begin{pmatrix} x_1 \\ x_2 \end{pmatrix} \tag{6.1}$$

この線形変換によって，x_1 軸上の点 $(-4,0)$，$(-3,0)$，$(-2,0)$，$(-1,0)$，$(0,0)$，$(1,0)$，$(2,0)$，$(3,0)$，$(4,0)$ を変換した点を求めて図示しよう．図 6.1(a) になる．

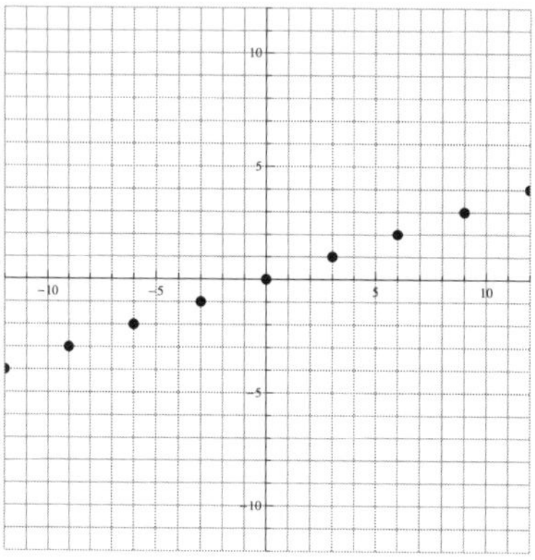

(a)

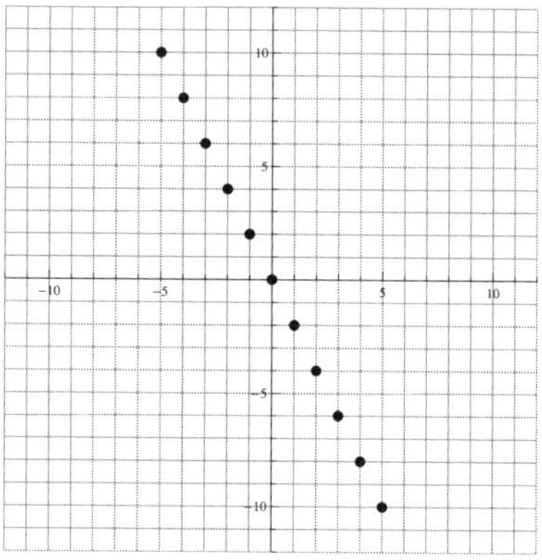

(b)

図 6.1

x_1 軸上の点を変換したとき 1 直線上に並ぶのは，線形変換の線形性による．すなわち x_1 上の基本ベクトルを $\boldsymbol{e}_1 = (1,0)$ とおくとき，x_1 上の整数点は $-4\boldsymbol{e}_1$，$-3\boldsymbol{e}_1, \cdots, 3\boldsymbol{e}_1$，$4\boldsymbol{e}_1$ と表せる．$\boldsymbol{e}_1$ を変換したベクトルは $\boldsymbol{b}_1 = (3,1)$ となり，$\boldsymbol{e}_1$ の 4 倍 $4\boldsymbol{e}_1$ を変換したベクトルは $f(4\boldsymbol{e}_1) = 4f(\boldsymbol{e}_1) = 4\boldsymbol{b}_1$ となる．したがって x_1 軸上の整数点を変換したベクトルは $-4\boldsymbol{b}_1$，$-3\boldsymbol{b}_1$，$\cdots, 3\boldsymbol{b}_1$，$4\boldsymbol{b}_1$ となる．したがって図 6.1(a) のように直線上に並ぶ．

同様に x_2 軸上の点 $(0,-4)$，$(0,-3)$，$(0,-2)$，$(0,-1)$，$(0,0)$，$(0,1)$，$(0,2)$，$(0,3)$，$(0,4)$ を変換してみよう．

x_2 上の基本ベクトルを $\boldsymbol{e}_2 = (0,1)$ とおくとき，x_2 上の整数点は $-4\boldsymbol{e}_2$，$-3\boldsymbol{e}_2, \cdots, 3\boldsymbol{e}_2$，$4\boldsymbol{e}_2$ と表せる．$\boldsymbol{e}_2$ を変換したベクトルは $b_2 = (-1,2)$ となり，$\boldsymbol{e}_2$ の 4 倍 $4\boldsymbol{e}_2$ を変換したベクトルは $f(4\boldsymbol{e}_2) = 4f(\boldsymbol{e}_2) = 4\boldsymbol{b}_2$ となる．したがって x_1 軸上の整数点を変換したベクトルは $-4\boldsymbol{b}_2$，$-3\boldsymbol{b}_2$，$\cdots$，$3\boldsymbol{b}_2$，$4\boldsymbol{b}_2$ となり，図 6.1(b) のように直線上に並ぶ．

次に $x = (3,2)$ を変換したベクトルを調べるのに，単に計算して求めるのでなく，変換される構造がわかるように調べよう．そのためには $x = (3,2) = 3\boldsymbol{e}_1 + 2\boldsymbol{e}_2$ としてみると，次のように線形性が働いていることがわかる.

$$f(\boldsymbol{x}) = f(3\boldsymbol{e}_1 + 2\boldsymbol{e}_2) = f(3\boldsymbol{e}_1) + f(2\boldsymbol{e}_2) = 3f(\boldsymbol{e}_1) + 2f(\boldsymbol{e}_2) = 3\boldsymbol{b}_1 + 2\boldsymbol{b}_2 \tag{6.2}$$

$\boldsymbol{e}_1$, $\boldsymbol{e}_2$ をもとにした構造が $\boldsymbol{b}_1$, $\boldsymbol{b}_2$ をもとにした構造に変換されていることがわかる. したがって $\boldsymbol{e}_1$, $\boldsymbol{e}_2$ をもとにした正方形の頂点からなる格子点は, $\boldsymbol{b}_1$, $\boldsymbol{b}_2$ をもとにした平行四辺形の頂点からなる格子点に変換される.

6.2　方眼の変換

格子点の変換からさらに, 方眼の変換へと発展する. 左の正方形の方眼は, 線形変換によって右の平行四辺形の網目に移っていく.

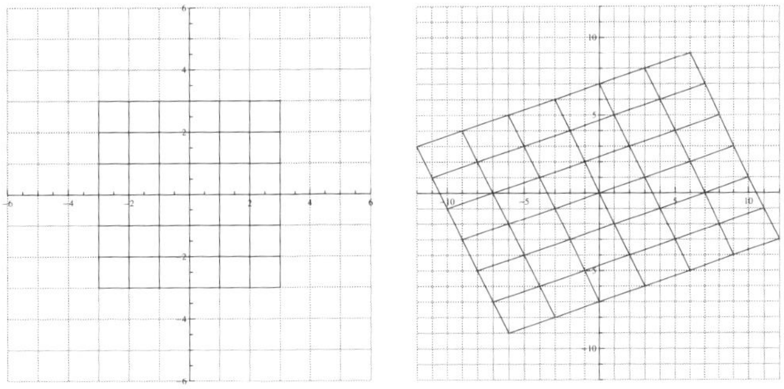

(a)　(b)

図 6.2

方眼だけではつまらないのでアルファベットの P の字を描いてみよう. 図のような P の字を変換する.

左の図の P の字を先ほどの行列による線形変換で移すと右の図のようになる.

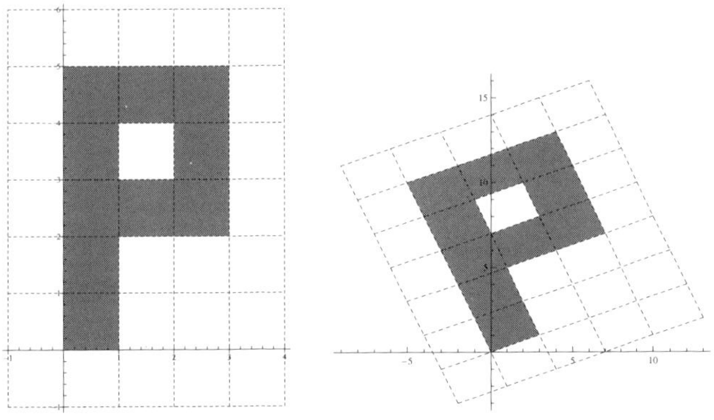

(a)　(b)

図 6.3

[例題 1]

図 6.4(a) の F の字を, 次の各行列で表せる線形変換によって変換された F の字を描け.

$$\boldsymbol{A} = \begin{pmatrix} 4 & -1 \\ -3 & 5 \end{pmatrix}, \quad \boldsymbol{B} = \begin{pmatrix} -4 & -1 \\ 3 & -5 \end{pmatrix} \tag{6.3}$$

[解] 図 6.4(b) のようになる.

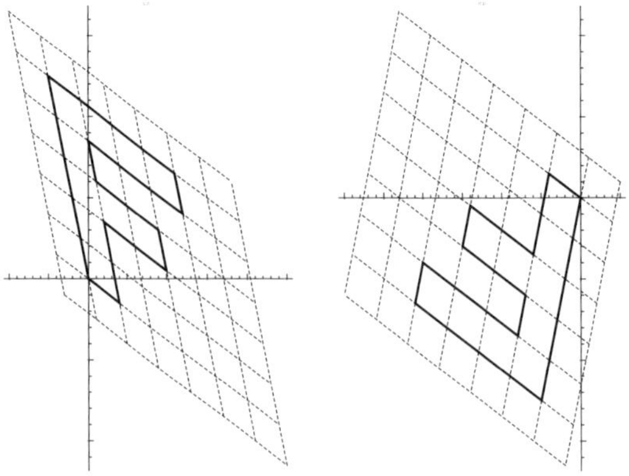

(a) (b)

図 6.4

6.3 線分の変換

軸に平行な線分は，線分に移されるであろうことは今までの方眼の変換でわかるであろう．ここでは一般の 2 点を結んだ線分を式 (6.1) の変換で変換してみよう．

2 点 A(4, 1)，B(−2, 3) を結ぶ線分 AB上の点を 50 個とってそれらを変換してみよう．線分 AB を $(1-t):t$ に内分する点 P(t) は次のように表せた．ただし $\boldsymbol{a} = (4,1)$，$\boldsymbol{b} = (-2,3)$ とする．

$$\mathrm{P}(t) = t\boldsymbol{a} + (1-t)\boldsymbol{b} \tag{6.4}$$

この内分点を変換した点を図示すると次のようになる．

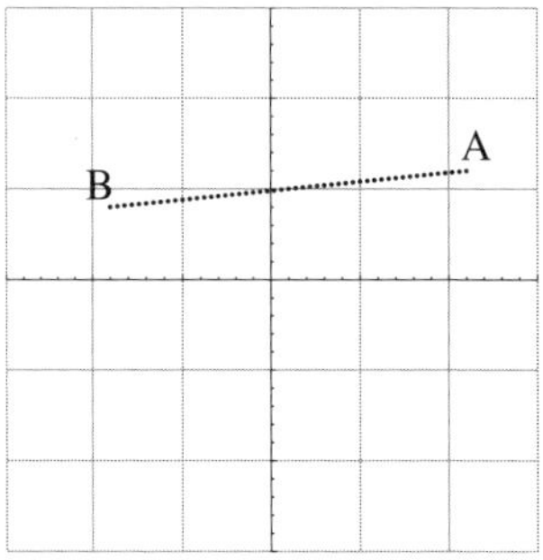

図 6.5

この結果を見ると線分上の点を変換するとまた線分上にのることがわかる．いま線分上の点をたくさんとって調べたが，その理由は次のようにしてもわかる．

$\mathrm{P}(t)=\boldsymbol{a}t+(1-t)\boldsymbol{b}$ を線形変換 $\boldsymbol{y}=f(\boldsymbol{x})$ で変換すると

$$f(\mathrm{P}(t))=f(t\boldsymbol{a}+(1-t)\boldsymbol{b})=tf(\boldsymbol{a})+(1-t)f(\boldsymbol{b}) \tag{6.5}$$

これは $\mathrm{P}(t)$ を変換した点は $f(\boldsymbol{a})$ と $f(\boldsymbol{b})$ を結ぶ線分上にあることを意味する．

したがって今後は線分を線形変換で変換するときは端の点を変換して結んでおけばよいことになる．

例として，ひらがなの「は」の字を線分をつないで表し変換してみよう．

次の 2 つの行列で定まる線形変換で変換してみよう．

$$\boldsymbol{A}=\begin{pmatrix}1&0\\0&1\end{pmatrix},\quad \boldsymbol{B}=\begin{pmatrix}-1&0\\0&1\end{pmatrix} \tag{6.6}$$

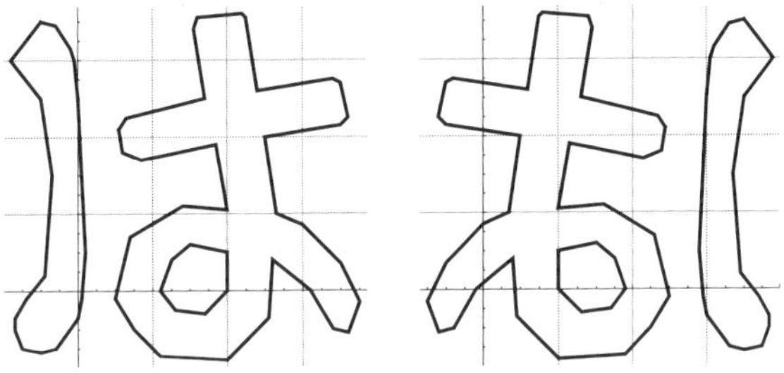

図 6.6

6.4　典型的な線形変換

右側の図は「は」の字を x_2 軸に対称に変換した結果である．x_1 軸に対称に変換する行列と原点に関して対称に変換する行列は，次のような行列である．

$$x_1\ \text{軸対称}\quad \boldsymbol{A}=\begin{pmatrix}1&0\\0&-1\end{pmatrix},\quad \text{原点対称}\quad \boldsymbol{A}=\begin{pmatrix}-1&0\\0&-1\end{pmatrix} \tag{6.7}$$

[例題 **2**]

「は」の字をこれらの変換で移した図を描いてみると以下のようになる．次の変換について考えてみよ．

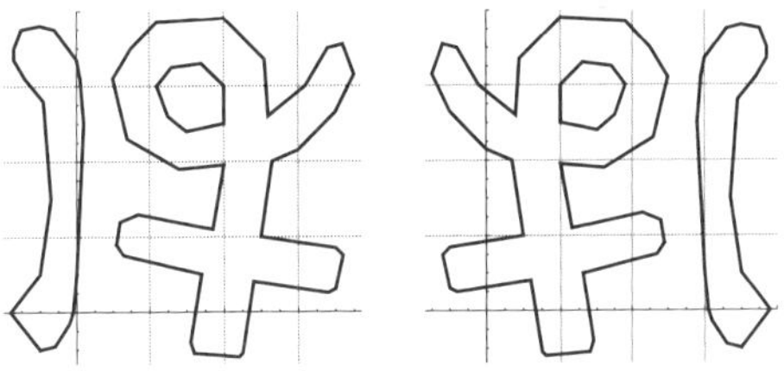

図 6.7

(1) 原点を中心に 3 倍に拡大する線形変換はどのように表せるか．線形変換を表す行列 $\boldsymbol{A}$ はどのようになるか.

(2) 一般に k 倍に拡大する線形変換を表す行列 $\boldsymbol{A}$ はどのようにに表せるか.

(3)「は」の字を 0.2 倍，0.5 倍，0.8 倍，2.3 倍，2.6 倍して表せ.

[解] (1)

$$\begin{pmatrix} y_1 \\ y_2 \end{pmatrix} = \begin{pmatrix} 3 & 0 \\ 0 & 3 \end{pmatrix} \begin{pmatrix} x_1 \\ x_2 \end{pmatrix}, \quad \boldsymbol{A} = \begin{pmatrix} 3 & 0 \\ 0 & 3 \end{pmatrix} \tag{6.8}$$

(2)

$$\boldsymbol{A} = \begin{pmatrix} k & 0 \\ 0 & k \end{pmatrix} \tag{6.9}$$

(3) 次のようになる.

図 **6.8**

もう 1 つ大事な変換で原点のまわりに回転する変換も線形変換である. $(1,0)$ を角 t 回転したベクトルは $(\cos t, \sin t)$ であり，$(0,1)$ を角 t 回転したベクトルは $(-\sin t, \cos t)$ である.

次のような線形変換を考える.

$$\begin{pmatrix} y_1 \\ y_2 \end{pmatrix} = \begin{pmatrix} \cos t & -\sin t \\ \sin t & \cos t \end{pmatrix} \begin{pmatrix} x_1 \\ x_2 \end{pmatrix} \tag{6.10}$$

角 t の回転を表す行列は次のように表せる.

$$\begin{pmatrix} \cos t & -\sin t \\ \sin t & \cos t \end{pmatrix} \tag{6.11}$$

[例題 **3**]

「は」の字を $\dfrac{\pi}{3}$ ラジアンずつ回転した図を描いてみてみよ.

[解] 図 6.9 のようになる.

6.5 アフィン変換

「は」の字の各点を右に 3，上に 4 だけ平行移動する変換は，次のように表せる.

$$\begin{pmatrix} y_1 \\ y_2 \end{pmatrix} = \begin{pmatrix} x_1 \\ x_2 \end{pmatrix} + \begin{pmatrix} 3 \\ 4 \end{pmatrix} \tag{6.12}$$

線形変換をしてから平行移動する変換はたとえば，次のように表せる.

$$\begin{pmatrix} y_1 \\ y_2 \end{pmatrix} = \begin{pmatrix} 3 & -1 \\ 1 & 2 \end{pmatrix} \begin{pmatrix} x_1 \\ x_2 \end{pmatrix} + \begin{pmatrix} 3 \\ 4 \end{pmatrix} \tag{6.13}$$

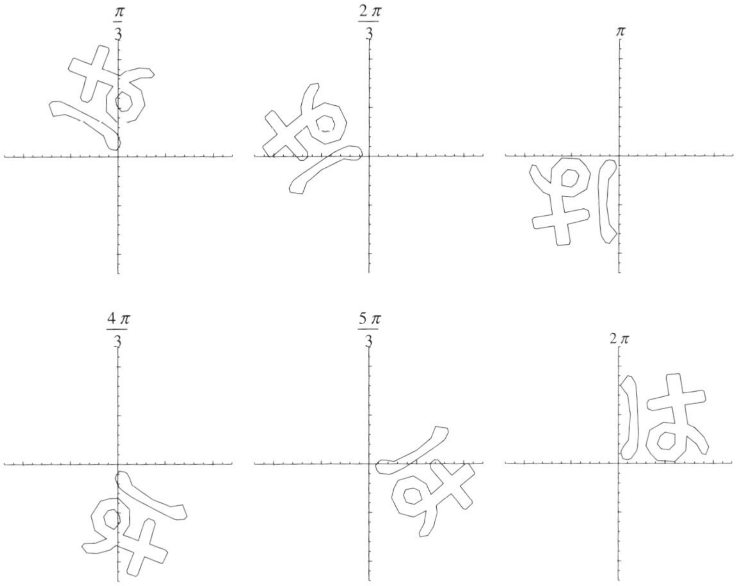

図 6.9

このような変換はアフィン変換と呼ばれる．アフィン変換においても直線は直線に変換される．先に扱った「は」の字を，$(4, 2)$ だけ平行移動すると次のようになる．

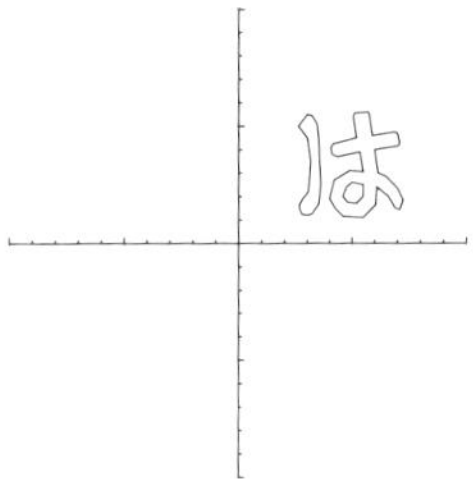

図 6.10

第 6 章　演習問題

(1) 図に示した文字 `MATH` について以下の問に答えよ．

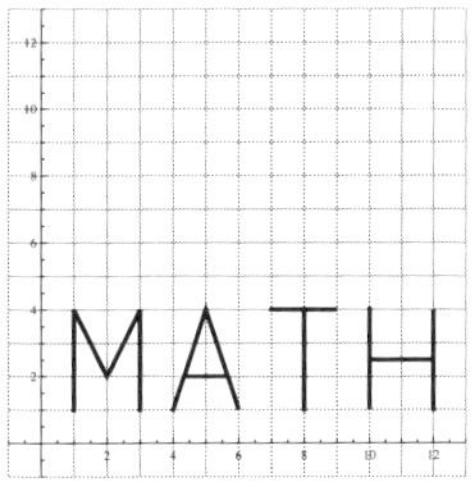

図 6.11

(a) 次の線形変換で変換した図を描いてみよ．

$$\begin{pmatrix} y_1 \\ y_2 \end{pmatrix} = \begin{pmatrix} 2 & 4 \\ -3 & 1 \end{pmatrix} \begin{pmatrix} x_1 \\ x_2 \end{pmatrix}, \quad \begin{pmatrix} y_1 \\ y_2 \end{pmatrix} = \begin{pmatrix} -2 & 3 \\ -1 & 4 \end{pmatrix} \begin{pmatrix} x_1 \\ x_2 \end{pmatrix} \tag{6.14}$$

(b) 図 (p), (q) のように変換する線形変換を表す行列を求めよ.

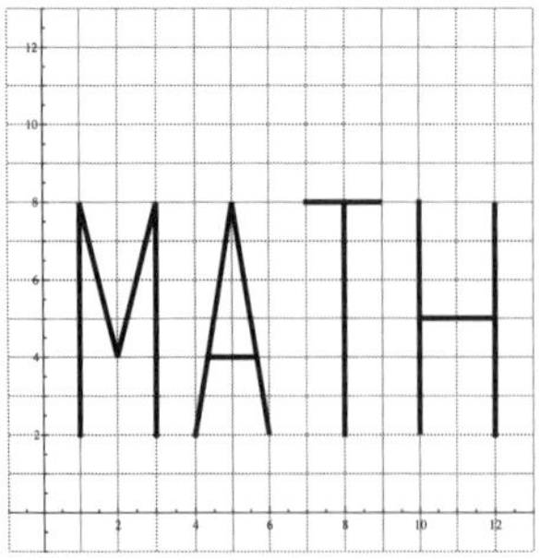

(p)

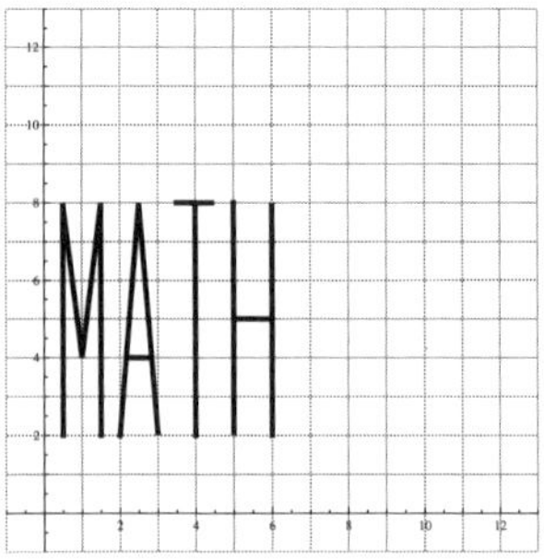

(q)

図 6.12

(2) (1) の MATH を，次のように変換する行列を求めよ.

(a) 原点に関して対称に変換する　(b) 原点を中心にして 2 倍に拡大する

(c) x_1 軸に関して対称に変換する　(d) x_2 軸に関して対称に変換する

(3) MATH の字全体を x_2 軸の方向へ 5 だけ平行移動するにはどのような変換をすればよいか.

第 7 章　2 次の行列式

7.1　線形変換による面積の倍率

平面図形が線形変換によって変換されるとき，その面積が何倍になるかを調べる．図のような猫をいろいろな場所に移して変換してみよう．

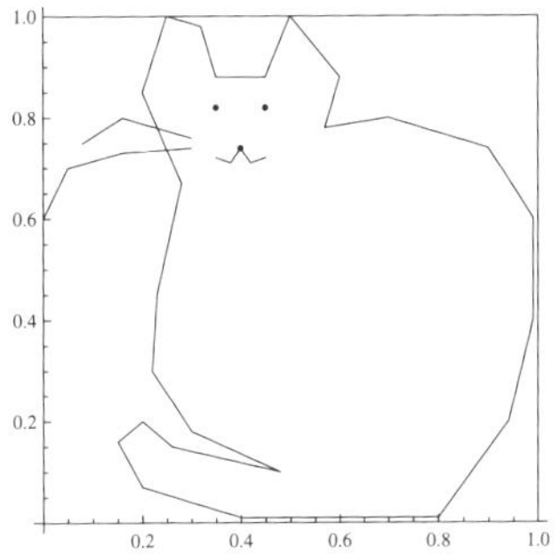

図 7.1

ところで線形変換は規則的であるから，場所によって面積の倍率が変わらない．そのことを確かめるためにいろいろな場所に猫の絵を描いて線形変換で変換してみよう．

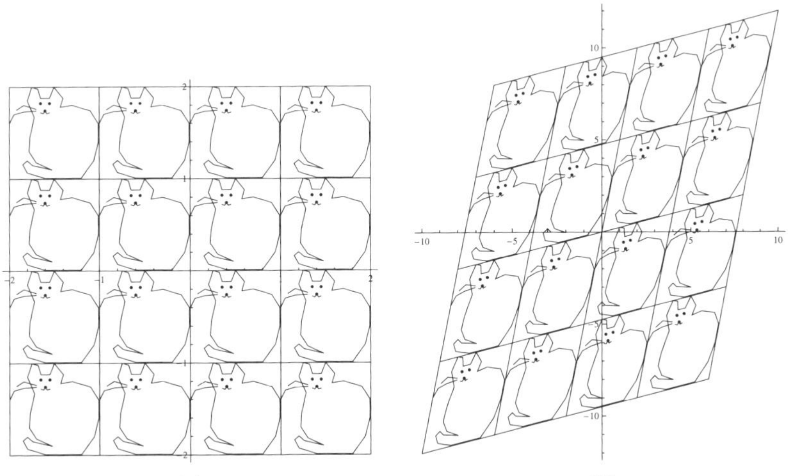

(a)　(b)

図 7.2

この図でわかるように，線形変換ではどの位置にある猫も規則的に同じ形に変換されている．

したがって線形変換による面積の倍率は，基本ベクトル $\boldsymbol{e}_1 = (1, 0)$，$\boldsymbol{e}_2 = (0, 1)$ でできる正方形の面積 1 が $f(\boldsymbol{e}_1) = \boldsymbol{a}_1 = (a_{11}, a_{21})$，$f(\boldsymbol{e}_2) = \boldsymbol{a}_2 = (a_{21}, a_{22})$ でできる平行四辺形の面積

に移されることから決まる．

そこで 2 つのベクトル $\boldsymbol{a}=(a_1,a_2)$, $\boldsymbol{b}=(b_1,b_2)$ でできる平行四辺形の面積について調べる．実は線形変換によって図形が裏返しにならない場合となる場合を区別し，正負の符号を付けた方が自然であることがわかってくる．

ベクトル $\boldsymbol{a}$ をベクトル $\boldsymbol{b}$ に重ねるように回転する向きが，時計と反対向きのときに「正」，時計と同じ向きのときに「負」の符号を付ける．

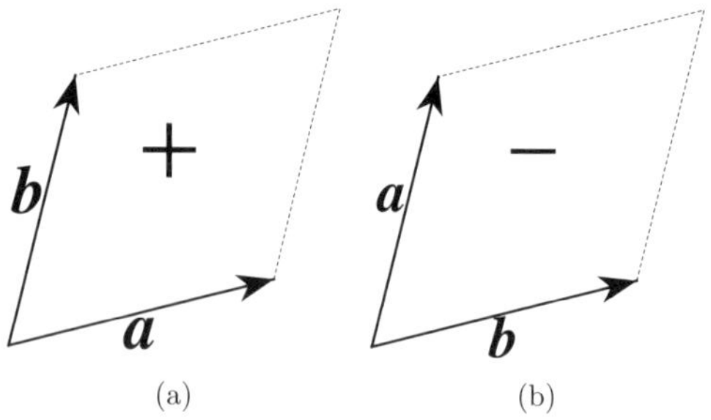

図 **7.3**

2 つのベクトル a, b からできる平行四辺形の面積にこのような規則で符号を付けた量を $\boldsymbol{a}$, $\boldsymbol{b}$ の交代積といい，$\boldsymbol{a}\wedge\boldsymbol{b}$ と表す．

交代積の基本的な性質をあげておこう．

① $\boldsymbol{a}\wedge\boldsymbol{a}=0$ (同じベクトルどうしの交代積は 0)

② $\boldsymbol{b}\wedge\boldsymbol{a}=-\boldsymbol{a}\wedge\boldsymbol{b}$ (順序を交代すると符号が入れ替わる)

③ $\boldsymbol{a}\wedge(\boldsymbol{b}+\boldsymbol{c})=\boldsymbol{a}\wedge\boldsymbol{b}+\boldsymbol{a}\wedge\boldsymbol{c}$ (右からの分配法則が成り立つ)

④ $(\boldsymbol{a}+\boldsymbol{b})\wedge\boldsymbol{c}=\boldsymbol{a}\wedge\boldsymbol{c}+\boldsymbol{b}\wedge\boldsymbol{c}$ (左からの分配法則が成り立つ)

⑤ 実数 k に対して $\boldsymbol{a}\wedge(k\boldsymbol{b})=k(\boldsymbol{a}\wedge\boldsymbol{b})$ (実数の積は外へ出してよい)

⑥ $\boldsymbol{e}_1\wedge\boldsymbol{e}_2=1$ (基本ベクトルの交代積は 1)

①の性質は同じベクトルどうしでは平行四辺形の幅がなく，面積は 0 となることからわかる．②の性質は交代積の正負の符号の付け方からわかる．ベクトルの順序を入れ替えるとはじめのベクトルを次のベクトルに重ねる回転の向きが反対になる．③の性質は次の図からわかる．

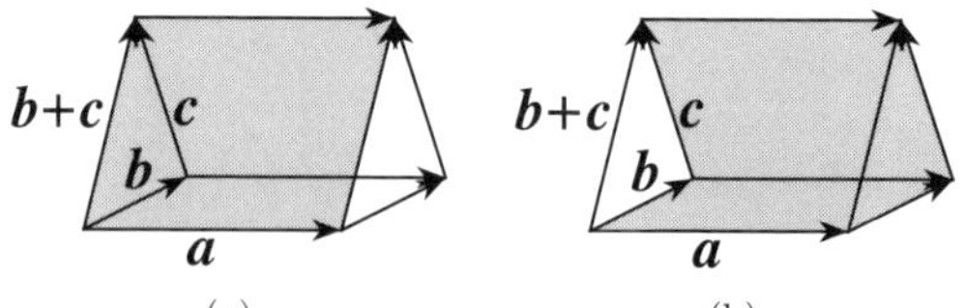

図 **7.4**

左側の網を付けた平行四辺形の面積は交代積 $\boldsymbol{a}\wedge(\boldsymbol{b}+\boldsymbol{c})$ を表している．この平行四辺形から $\boldsymbol{b}$, $\boldsymbol{c}$, $\boldsymbol{b}+\boldsymbol{c}$ でできる 3 角形を左から切り取り右側に付けたのが，図の右側の網を掛けた部分になる．この面積は $\boldsymbol{a}\wedge\boldsymbol{b}+\boldsymbol{a}\wedge\boldsymbol{c}$ である．

⑤の性質は 1 つのベクトルが 3 倍にのびれば平行四辺形の面積も 3 倍になることからわかる．

⑥の性質は辺の長さが 1 の正方形の面積であるから $\boldsymbol{e}_1 \wedge \boldsymbol{e}_2 = 1$ となる．

これらの基本性質を使うと任意の 2 つのベクトルの交代積が求められる．例として $\boldsymbol{a} = (5, 2)$，$\boldsymbol{b} = (3, 4)$ の交代積 $\boldsymbol{a} \wedge \boldsymbol{b}$ を求めてみよう．

すべてのベクトルは基本ベクトル $\boldsymbol{e}_1 = \begin{pmatrix} 1 \\ 0 \end{pmatrix}$，$\boldsymbol{e}_2 = \begin{pmatrix} 0 \\ 1 \end{pmatrix}$ の何倍かの和で表せる．

$$\boldsymbol{a} = \begin{pmatrix} 5 \\ 2 \end{pmatrix} = \begin{pmatrix} 5 \\ 0 \end{pmatrix} + \begin{pmatrix} 0 \\ 2 \end{pmatrix} = 5\begin{pmatrix} 1 \\ 0 \end{pmatrix} + 2\begin{pmatrix} 0 \\ 1 \end{pmatrix} = 5\boldsymbol{e}_1 + 2\boldsymbol{e}_2 \tag{7.1}$$

同様に $\boldsymbol{b} = 3\boldsymbol{e}_1 + 4\boldsymbol{e}_2$ と表せる．ここで基本性質を使って交代積が計算できる．

$$\begin{aligned}
\boldsymbol{a} \wedge \boldsymbol{b} &= (5\boldsymbol{e}_1 + 2\boldsymbol{e}_2) \wedge (3\boldsymbol{e}_1 + 4\boldsymbol{e}_2) \\
&= (5\boldsymbol{e}_1) \wedge (3\boldsymbol{e}_1 + 4\boldsymbol{e}_2) + (2\boldsymbol{e}_2) \wedge (3\boldsymbol{e}_1 + 4\boldsymbol{e}_2) \\
&= (5\boldsymbol{e}_1) \wedge (3\boldsymbol{e}_1) + (5\boldsymbol{e}_1) \wedge (4\boldsymbol{e}_2) + (2\boldsymbol{e}_2) \wedge (3\boldsymbol{e}_1) + (2\boldsymbol{e}_2) \wedge (4\boldsymbol{e}_2) \\
&= (5 \times 3)(\boldsymbol{e}_1 \wedge \boldsymbol{e}_1) + (5 \times 4)(\boldsymbol{e}_1 \wedge \boldsymbol{e}_2) + (2 \times 3)(\boldsymbol{e}_2 \wedge \boldsymbol{e}_1) + (2 \times 4)(\boldsymbol{e}_2 \wedge \boldsymbol{e}_2) \\
&= 5 \times 4 - 2 \times 3 = 14
\end{aligned} \tag{7.2}$$

ここで $\boldsymbol{e}_1 \wedge \boldsymbol{e}_1 = 0$，$\boldsymbol{e}_1 \wedge \boldsymbol{e}_2 = 1$，$\boldsymbol{e}_2 \wedge \boldsymbol{e}_1 = -1$，$\boldsymbol{e}_2 \wedge \boldsymbol{e}_2 = 0$ を使っている．

一般に 2 つのベクトル $\boldsymbol{a} = \begin{pmatrix} a_1 \\ a_2 \end{pmatrix}$，$\boldsymbol{b} = \begin{pmatrix} b_1 \\ b_2 \end{pmatrix}$ の交代積は次のように求められる．導き方は上の数値例と同じで $\boldsymbol{a} = a_1\boldsymbol{e}_1 + a_2\boldsymbol{e}_2$，$\boldsymbol{b} = b_1\boldsymbol{e}_1 + b_2\boldsymbol{e}_2$ と表して代入し，展開すればよい．

$$\boldsymbol{a} \wedge \boldsymbol{b} = \begin{pmatrix} a_1 \\ a_2 \end{pmatrix} \wedge \begin{pmatrix} b_1 \\ b_2 \end{pmatrix} = a_1 b_2 - a_2 b_1 \tag{7.3}$$

行列 $\boldsymbol{A} = \begin{pmatrix} a_1 & b_1 \\ a_2 & b_2 \end{pmatrix}$ によって定まる線形変換により基本ベクトル $\boldsymbol{e}_1$，$\boldsymbol{e}_2$ は，$\boldsymbol{a}$，$\boldsymbol{b}$ に変換される．$\boldsymbol{e}_1$，$\boldsymbol{e}_2$ でできている面積 1 の正方形は $\boldsymbol{a}$，$\boldsymbol{b}$ で作られる平行四辺形に変換される．

そこで 2 つの縦ベクトル $\boldsymbol{a}$，$\boldsymbol{b}$ でできるこの平行四辺形の面積が，線形変換による面積の倍率 (符号の付いた) を表す．

この値を行列 $\boldsymbol{A}$ の行列式といい次のように表す．普通，行列そのものは丸い括弧で囲んで表すが，行列式はまっすぐな線分で囲んで区別する．(印刷の都合で別の書き方をした本もあるが本書は TEX を使っているので問題ない)

$$|\boldsymbol{A}| = \begin{vmatrix} a_1 & b_1 \\ a_2 & b_2 \end{vmatrix} = a_1 b_2 - a_2 b_1 \tag{7.4}$$

2 次元の行列式は簡単で，斜めにかけて引いた量である．行列式の値が負のときは $\boldsymbol{e}_1$ と $\boldsymbol{e}_2$ の位置関係と $f(\boldsymbol{e}_1) = \boldsymbol{a}$ と $f(\boldsymbol{e}_2) = \boldsymbol{b}$ の位置関係が反対になるので図形は裏返しに変換される．

[例題 1]

次の行列式を求めよ．

$$(1) \begin{vmatrix} 9 & 3 \\ -2 & 5 \end{vmatrix}, \quad (2) \begin{vmatrix} p & r \\ q & s \end{vmatrix} \tag{7.5}$$

[解]

$$(1)\begin{vmatrix} 9 & 3 \\ -2 & 5 \end{vmatrix} = 9 \times 5 - (-2) \times 3 = 51, \quad (2)\begin{vmatrix} p & r \\ q & s \end{vmatrix} = ps - qr \tag{7.6}$$

行列式は2つの縦ベクトルの交代積であるから，次のような性質が成り立つ．

① $\begin{vmatrix} a_1 & b_1 \\ a_2 & b_2 \end{vmatrix} = 0$

② $\begin{vmatrix} b_1 & a_1 \\ b_2 & a_2 \end{vmatrix} = -\begin{vmatrix} a_1 & b_1 \\ a_2 & b_2 \end{vmatrix}$

③ $\begin{vmatrix} a_1 & b_1 + c_1 \\ a_2 & b_2 + b_2 \end{vmatrix} = \begin{vmatrix} a_1 & b_1 \\ a_2 & b_2 \end{vmatrix} + \begin{vmatrix} a_1 & c_1 \\ a_2 & c_2 \end{vmatrix}$

④ $\begin{vmatrix} a_1 & kb_1 \\ a_2 & kb_2 \end{vmatrix} = k\begin{vmatrix} a_1 & b_1 \\ a_2 & b_2 \end{vmatrix}$

第7章　演習問題

(1) 次の行列式の値を求めよ．

(a) $\begin{vmatrix} 6 & -3 \\ -4 & 5 \end{vmatrix}$,　(b) $\begin{vmatrix} -3 & 2 \\ 7 & -4 \end{vmatrix}$

(2) 次の行列式を求めよ．

(a) $\begin{vmatrix} a & b \\ c & d \end{vmatrix}$,　(b) $\begin{vmatrix} x & x+2 \\ x-4 & x \end{vmatrix}$

(3) 次の線形変換で，面積3の図形は，面積いくつの図形に変換されるか．

$$\begin{pmatrix} y_1 \\ y_2 \end{pmatrix} = \begin{pmatrix} 3 & -1 \\ 1 & 2 \end{pmatrix}\begin{pmatrix} x_1 \\ x_2 \end{pmatrix}$$

第8章　3次の行列式

8.1　線形変換による立体図形の変換

3次の行列式の意味を理解するために，3次の線形変換による立体図形の変換について学んでおこう．

8.1.1　立方体の変換

3次元ベクトルを3次元ベクトルに変換する線形変換を考える．

$$\begin{pmatrix} y_1 \\ y_2 \\ y_3 \end{pmatrix} = \begin{pmatrix} a_{11} & a_{12} & a_{13} \\ a_{21} & a_{22} & a_{23} \\ a_{31} & a_{32} & a_{33} \end{pmatrix} \begin{pmatrix} x_1 \\ x_2 \\ x_3 \end{pmatrix} \tag{8.1}$$

ここで大切なことは3つの基本ベクトルがそれぞれ3つの縦ベクトルに変換され，それによって変換全体が定まっていることである．

$$\boldsymbol{e}_1 = \begin{pmatrix} 1 \\ 0 \\ 0 \end{pmatrix} \to \begin{pmatrix} a_{11} \\ a_{21} \\ a_{31} \end{pmatrix}, \quad \boldsymbol{e}_2 = \begin{pmatrix} 0 \\ 1 \\ 0 \end{pmatrix} \to \begin{pmatrix} a_{12} \\ a_{22} \\ a_{32} \end{pmatrix}, \quad \boldsymbol{e}_3 = \begin{pmatrix} 0 \\ 0 \\ 1 \end{pmatrix} \to \begin{pmatrix} a_{13} \\ a_{23} \\ a_{33} \end{pmatrix} \tag{8.2}$$

平面の場合に正方形が長方形に移されたのに対して，3次元空間においては立方体は3組の平行な平行四辺形でできる平行六面体に変換される．

3つのベクトル a_1，a_2，a_3 を与えることは線形変換を表す行列を与えることと同じである．平行六面体をを図示すると次のようになる．

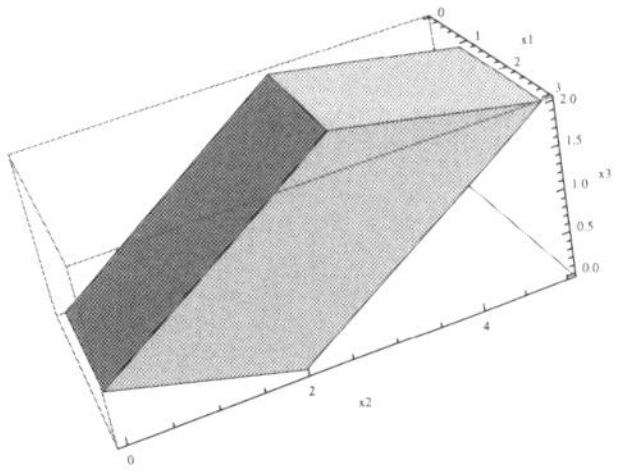

図 8.1

次の2つの変換による平行六面体の図を描いてみよう．

$$\boldsymbol{A} = \begin{pmatrix} 1 & 0 & 0 \\ 0 & 1 & 0 \\ 0 & 0 & 1 \end{pmatrix}, \quad \boldsymbol{B} = \begin{pmatrix} 1 & 0 & 2 \\ 0 & 1 & 1 \\ 0 & 0 & 1 \end{pmatrix} \tag{8.3}$$

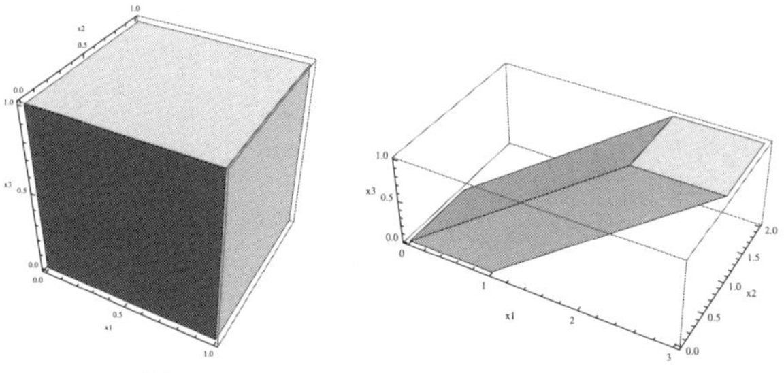

(a) (b)

図 **8.2**

左の図は単位行列で変換したのでもとの図そのものである．右の図は x_1 方向に 2，x_2 方向に 1 ずらした変形になっている．

[**例題 1**]

(1) 立方体を x_2 方向にだけ 0.8 ずらす線形変換を表す行列を求め，実際に図示せよ．

(2) 立方体を x_1方向に 1.5, x_2 方向に 1.8 ずらす線形変換を表す行列を求め，実際に図示せよ．

[**解**] 行列はそれぞれ次のようになる．

$$(1)\quad \boldsymbol{A} = \begin{pmatrix} 1 & 0 & 0 \\ 0 & 1 & 0.8 \\ 0 & 0 & 1 \end{pmatrix}, \qquad (2)\quad \boldsymbol{A} = \begin{pmatrix} 1 & 0 & 1.5 \\ 0 & 1 & 1.8 \\ 0 & 0 & 1 \end{pmatrix} \tag{8.4}$$

次のような図になる．

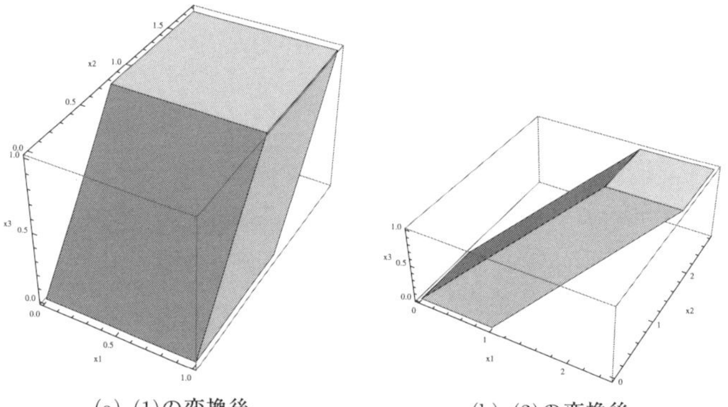

(a) (1)の変換後 (b) (2)の変換後

図 **8.3**

8.2 3次の交代積

3次元のベクトルを3次元のベクトルに変換する線形変換の体積の倍率を調べる．

$$\begin{pmatrix} y_1 \\ y_2 \\ y_3 \end{pmatrix} = \begin{pmatrix} a_1 & b_1 & c_1 \\ a_2 & b_2 & c_2 \\ a_3 & b_3 & c_3 \end{pmatrix} \begin{pmatrix} x_1 \\ x_2 \\ x_3 \end{pmatrix} \tag{8.5}$$

3次元の線形変換の場合も場所によって倍率は変わらないので，基本ベクトル $\boldsymbol{e}_1$，$\boldsymbol{e}_2$，$\boldsymbol{e}_3$ が変換された3つのベクトル $\boldsymbol{a} = \begin{pmatrix} a_1 \\ a_2 \\ a_3 \end{pmatrix}$，$\boldsymbol{b} = \begin{pmatrix} b_1 \\ b_2 \\ b_3 \end{pmatrix}$，$\boldsymbol{c} = \begin{pmatrix} c_1 \\ c_2 \\ c_3 \end{pmatrix}$ で作られる平行六面体の体積を調べればよい．

$\boldsymbol{a}$，$\boldsymbol{b}$，$\boldsymbol{c}$ で作られる平行六面体の体積に図のような正負の符号を付ける．このような符号を付けた体積を3次元の交代積といい $\boldsymbol{a} \wedge \boldsymbol{b} \wedge \boldsymbol{c}$ と表す．

$\boldsymbol{a} \wedge \boldsymbol{b} \wedge \boldsymbol{c}$ の符号は，1番目のベクトル $\boldsymbol{a}$ を2番目のベクトル $\boldsymbol{b}$ に重ねるように右ネジを回転したとき，右ネジの進む方向に3番目のベクトルがあれば正とし，反対側にあれば負とする．

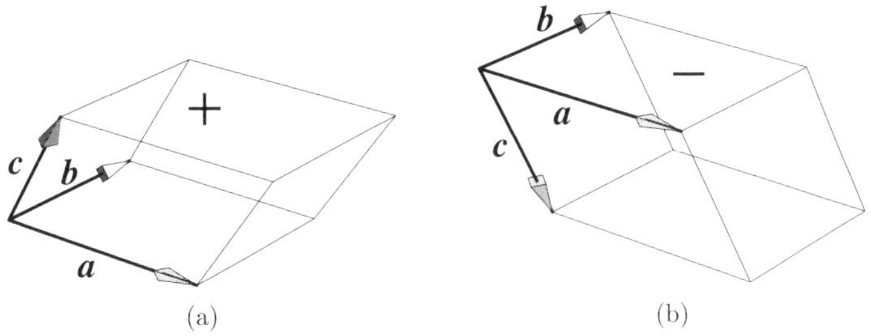

図 **8.4**

空間の中の3つのベクトルの相対的な位置関係としては，この2通りしかなく必ず正か負の符号が定まる．

3つのベクトルでできる平行六面体の，符号の付いた体積を，3次元ベクトルの交代積というわけであるが，その求め方の式を導く前に，交代積の基本性質を確認しておく．2次元ベクトルの交代積の基本性質とほとんど同じであるが．

① $\boldsymbol{a} \wedge \boldsymbol{a} \wedge \boldsymbol{c} = 0$ (同じベクトルがあれば交代積は0)

② $\boldsymbol{b} \wedge \boldsymbol{a} \wedge \boldsymbol{c} = -\boldsymbol{a} \wedge \boldsymbol{b} \wedge \boldsymbol{c}$ (順序を交代すると符号が入れ替わる)

③ $\boldsymbol{a} \wedge (\boldsymbol{b} + \boldsymbol{b'}) \wedge \boldsymbol{c} = \boldsymbol{a} \wedge \boldsymbol{b} \wedge \boldsymbol{c} + \boldsymbol{a} \wedge \boldsymbol{b'} \wedge \boldsymbol{c}$ (右からの分配法則が成り立つ)

④ $(\boldsymbol{a} + \boldsymbol{a'}) \wedge \boldsymbol{b} \wedge \boldsymbol{c} = \boldsymbol{a} \wedge \boldsymbol{b} \wedge \boldsymbol{c} + \boldsymbol{a'} \wedge \boldsymbol{b} \wedge \boldsymbol{c}$ (左からの分配法則が成り立つ)

⑤ 実数 k に対して $\boldsymbol{a} \wedge (k\boldsymbol{b}) \wedge \boldsymbol{c} = k(\boldsymbol{a} \wedge \boldsymbol{b} \wedge \boldsymbol{c})$ (実数の積は外へ出してよい)

⑥ $\boldsymbol{e_1} \wedge \boldsymbol{e_2} \wedge \boldsymbol{e_3} = 1$ (基本ベクトルの交代積は1)

これらの基本性質が成り立つことは，2次元の場合とほとんど同じ理由であるからここでは省略しておく．

$\boldsymbol{a}, \boldsymbol{b}, \boldsymbol{b}$ の交代積 $\boldsymbol{a} \wedge \boldsymbol{b} \wedge \boldsymbol{b}$ を計算するには，これらのベクトルを，基本ベクトル $\boldsymbol{e_1}$，$\boldsymbol{e_2}$，$\boldsymbol{e_3}$ で表すことから始める．

$$\begin{cases} \boldsymbol{a} = a_1\boldsymbol{e_1} + a_2\boldsymbol{e_2} + a_3\boldsymbol{e_3} \\ \boldsymbol{b} = b_1\boldsymbol{e_1} + b_2\boldsymbol{e_2} + b_3\boldsymbol{e_3} \\ \boldsymbol{c} = c_1\boldsymbol{e_1} + c_2\boldsymbol{e_2} + c_3\boldsymbol{e_3} \end{cases} \tag{8.6}$$

ここで，交代積の基本性質を使って，次のように計算ができる．

$$\begin{aligned} &\boldsymbol{a} \wedge \boldsymbol{b} \wedge \boldsymbol{c} \\ &\quad = (a_1\boldsymbol{e_1} + a_2\boldsymbol{e_2} + a_3\boldsymbol{e_3}) \wedge (b_1\boldsymbol{e_1} + b_2\boldsymbol{e_2} + b_3\boldsymbol{e_3}) \wedge (c_1\boldsymbol{e_1} + c_2\boldsymbol{e_2} + c_3\boldsymbol{e_3}) \end{aligned}$$

$$
\begin{aligned}
&= a_1\boldsymbol{e_1}\wedge(b_2\boldsymbol{e_2}+b_3\boldsymbol{e_3})\wedge(c_2\boldsymbol{e_2}+c_3\boldsymbol{e_3})\\
&\quad + a_2\boldsymbol{e_2}\wedge(b_1\boldsymbol{e_1}+b_3\boldsymbol{e_3})\wedge(c_1\boldsymbol{e_1}+c_3\boldsymbol{e_3})\\
&\quad + a_3\boldsymbol{e_3}\wedge(b_1\boldsymbol{e_1}+b_2\boldsymbol{e_2})\wedge(c_1\boldsymbol{e_1}+c_2\boldsymbol{e_2})\\
&= (a_1\boldsymbol{e_1})\wedge(b_2\boldsymbol{e_2})\wedge(c_3\boldsymbol{e_3})+(a_1\boldsymbol{e_1})\wedge(b_3\boldsymbol{e_3})\wedge(c_2\boldsymbol{e_2})\\
&\quad + (a_2\boldsymbol{e_2})\wedge(b_1\boldsymbol{e_1})\wedge(c_3\boldsymbol{e_3})+(a_2\boldsymbol{e_2})\wedge(b_3\boldsymbol{e_3})\wedge(c_2\boldsymbol{e_2})\\
&\quad + (a_3\boldsymbol{e_3})\wedge(b_1\boldsymbol{e_1})\wedge(c_2\boldsymbol{e_2})+(a_3\boldsymbol{e_3})\wedge(b_2\boldsymbol{e_2})\wedge(c_1\boldsymbol{e_1})\\
&= a_1b_2c_3(\boldsymbol{e_1}\wedge\boldsymbol{e_2}\wedge\boldsymbol{e_3})+a_1b_3c_2(\boldsymbol{e_1}\wedge\boldsymbol{e_3}\wedge\boldsymbol{e_2})\\
&\quad + a_2b_1c_3(\boldsymbol{e_2}\wedge\boldsymbol{e_1}\wedge\boldsymbol{e_3})+a_2b_3c_1(\boldsymbol{e_2}\wedge\boldsymbol{e_3}\wedge\boldsymbol{e_1})\\
&\quad + a_3b_1c_2(\boldsymbol{e_3}\wedge\boldsymbol{e_1}\wedge\boldsymbol{e_2})+a_3b_2c_1(\boldsymbol{e_3}\wedge\boldsymbol{e_2}\wedge\boldsymbol{e_1})
\end{aligned}
\tag{8.7}
$$

ここで，$\boldsymbol{e_1}\wedge\boldsymbol{e_2}\wedge\boldsymbol{e_3}=1$ であるが，$\boldsymbol{e_1}\wedge\boldsymbol{e_3}\wedge\boldsymbol{e_2}=-1$ となる．2つの順序が入れ替わっているので符号が反対になるからである．以下，次のようになる．

$$
\begin{cases}
\boldsymbol{e_2}\wedge\boldsymbol{e_1}\wedge\boldsymbol{e_3}=-\boldsymbol{e_1}\wedge\boldsymbol{e_2}\wedge\boldsymbol{e_3}=-1\\
\boldsymbol{e_2}\wedge\boldsymbol{e_3}\wedge\boldsymbol{e_1}=-\boldsymbol{e_2}\wedge\boldsymbol{e_1}\wedge\boldsymbol{e_3}=-(-1)=1\\
\boldsymbol{e_3}\wedge\boldsymbol{e_1}\wedge\boldsymbol{e_2}=-\boldsymbol{e_2}\wedge\boldsymbol{e_1}\wedge\boldsymbol{e_3}=-(-1)=1\\
\boldsymbol{e_3}\wedge\boldsymbol{e_2}\wedge\boldsymbol{e_1}=-\boldsymbol{e_2}\wedge\boldsymbol{e_3}\wedge\boldsymbol{e_1}=-1
\end{cases}
\tag{8.8}
$$

これらの値を代入して次のようになる．

$$
\boldsymbol{a}\wedge\boldsymbol{b}\wedge\boldsymbol{c}=a_1b_2c_3-a_1b_3c_2-a_2b_1c_3+a_2b_3c_1+a_3b_1c_2-a_2b_2c_1 \tag{8.9}
$$

ベクトル $\boldsymbol{a}$, $\boldsymbol{b}$, $\boldsymbol{c}$ を縦ベクトルとする行列

$$
\boldsymbol{A}=\begin{pmatrix} a_1 & b_1 & c_1\\ a_2 & b_2 & c_2\\ a_3 & b_3 & c_3 \end{pmatrix} \tag{8.10}
$$

に対してベクトル $\boldsymbol{a}$, $\boldsymbol{b}$, $\boldsymbol{c}$ の交代積 $\boldsymbol{a}\wedge\boldsymbol{b}\wedge\boldsymbol{c}$ を行列 $\boldsymbol{A}$ の行列式といい，次のように表す．

$$
\boldsymbol{a}\wedge\boldsymbol{b}\wedge\boldsymbol{c}=|\boldsymbol{A}|=\begin{vmatrix} a_1 & b_1 & c_1\\ a_2 & b_2 & c_2\\ a_3 & b_3 & c_3 \end{vmatrix} \tag{8.11}
$$

上の結果から3次の行列式は，次のように小行列式と呼ばれる2次の行列式で表せる．

$$
|\boldsymbol{A}|=\begin{vmatrix} a_1 & b_1 & c_1\\ a_2 & b_2 & c_2\\ a_3 & b_3 & c_3 \end{vmatrix}=a_1\begin{vmatrix} b_2 & c_2\\ b_3 & c_3 \end{vmatrix}-a_2\begin{vmatrix} b_1 & c_1\\ b_3 & c_3 \end{vmatrix}+a_3\begin{vmatrix} b_1 & c_1\\ b_2 & c_2 \end{vmatrix} \tag{8.12}
$$

これで行列式の計算方法がわかったことになるが，プラスとマイナスと符号の付け方からして不規則にみえてわかりづらい．プラスとマイナスでまとめてみると次のようになっている．

$$
\boldsymbol{a}\wedge\boldsymbol{b}\wedge\boldsymbol{c}=a_1b_2c_3+a_2b_3c_1+a_3b_1c_2-a_1b_3c_2-a_2b_1c_3-a_3b_2c_1 \tag{8.13}
$$

2次元の場合は，「斜めにかけて引く」ということでわかりやすかったが，実は，3次元の場合も，「斜めにかけて引く」ということになっている．次の図を見てみればわかる．

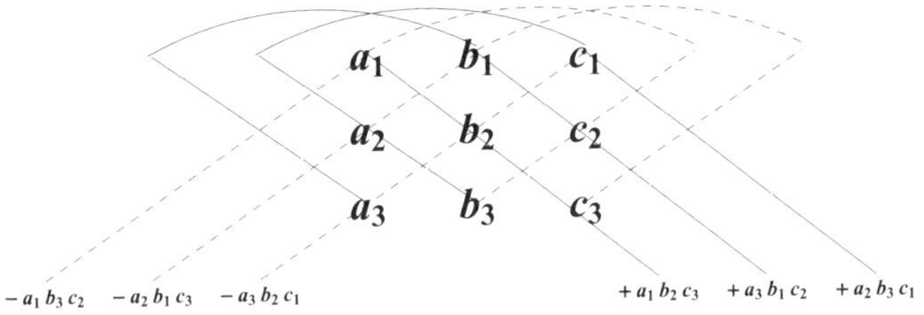

図 **8.5**

この計算規則を，サラス (Sarrus) の規則と呼ぶこともある．

3 次の行列式を手計算で求めるには，2 次の小行列式に帰着させる方法と斜めにかけて引くという方法のどちらで計算してもよい．

［ 例題 **2** ］

次の行列式を求めよ．

$$(1)\ \ |\boldsymbol{A}| = \begin{vmatrix} 3 & 1 & 4 \\ 5 & 9 & 2 \\ 6 & 8 & 7 \end{vmatrix} \qquad (2)\ \ |\boldsymbol{B}| = \begin{vmatrix} 1 & 1 & 1 \\ x & y & z \\ x^2 & y^2 & z^2 \end{vmatrix} \tag{8.14}$$

［ 解 ］(1) はじめに 2 次の小行列式から計算する．

$$\begin{aligned} |\boldsymbol{A}| &= 3 \times \begin{vmatrix} 9 & 2 \\ 8 & 7 \end{vmatrix} - 5 \times \begin{vmatrix} 1 & 4 \\ 8 & 7 \end{vmatrix} + 6 \times \begin{vmatrix} 1 & 4 \\ 9 & 2 \end{vmatrix} \\ &= 3 \times 47 - 5 \times (-25) + 6 \times (-34) = 62 \end{aligned} \tag{8.15}$$

次に斜めにかけて引く計算で求めてみよう．

$$|\boldsymbol{A}| = 3 \cdot 9 \cdot 7 + 5 \cdot 8 \cdot 4 + 6 \cdot 1 \cdot 2 - (6 \cdot 9 \cdot 4 + 5 \cdot 1 \cdot 7 + 3 \cdot 8 \cdot 2) = 62 \tag{8.16}$$

(2)

$$\begin{aligned} |\boldsymbol{B}| &= 1 \times \begin{vmatrix} y & z \\ y^2 & z^2 \end{vmatrix} - x \times \begin{vmatrix} 1 & 1 \\ y^2 & z^2 \end{vmatrix} + x^2 \begin{vmatrix} 1 & 1 \\ y & z \end{vmatrix} \\ &= (z-y)(x-y)(x-z) \end{aligned} \tag{8.17}$$

8.3　行列式が 0 の線形変換

次の行列式はパラメータ t の値によって変化する．

$$|\boldsymbol{A}| = \begin{vmatrix} 2 & 1 \\ 1 & 0.5+t \end{vmatrix} = 2 \times (0.5+t) - 1 \times 1 = 2t \tag{8.18}$$

ここで t の値を $t = 1.6, 1.4, \cdots, 0.2, 0$ と小さくしていくと行列式の値は $3.2, 2.8, \cdots, 0.4, 0$ と小さくなっていく．このとき線形変換によって変換された図形は，どのように変化していくか猫の例で確かめてみよう．

2 次の行列式が 0 になるということは，面積の倍率が 0 になっていき，図形は次第に面積が小さくなり最後には線分につぶれてしまうことがわかる．

行列式の値が 0 である行列による線形変換では，平面上のすべての点は 1 つの直線上にのる

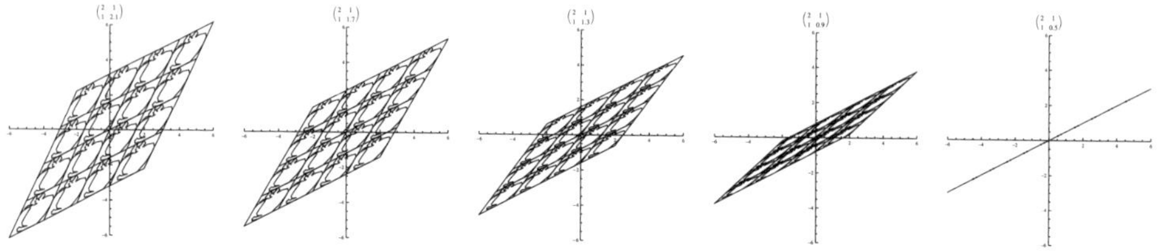

図 8.6

ことにもなる．

同じことを3次の行列式と線形変換についても調べよう．次のような線形変換はパラメータ t の値によって変わる．

$$|\boldsymbol{A}| = \begin{vmatrix} 1 & 0 & 0 \\ 0 & t^2 & 0 \\ 0 & 0 & 1 \end{vmatrix} = t^2 \tag{8.19}$$

$t = 2,\ 1.75,\ 1.5,\ \cdots, 0.25,\ 0$ と変化させたときの行列式の値は，4から0まで次第に小さくなってくる．行列式は線形変換の体積の倍率であるからFの字の体積は次第に小さくなってくる．この過程で立体のFの形がどのように変わるかを見てみよう．

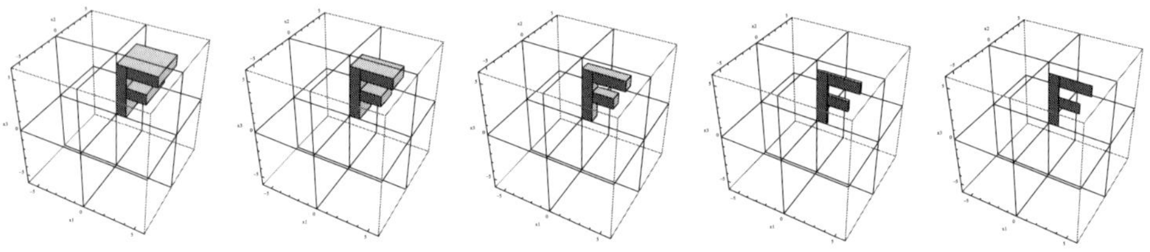

図 8.7

立体の文字Fが次第につぶれていき，最後は平面の上に平たく横たわってしまう．

今度は次のような行列 $\boldsymbol{A}$ によって線形変換してみよう．

$$|\boldsymbol{A}| = \begin{vmatrix} t & 0 & 0 \\ 0 & t^2 & 0 \\ 0 & 0 & 1 \end{vmatrix} = t^3 \tag{8.20}$$

体積が0になっていく点は同じであるが，最後は図8.8のように線分につぶれてしまう様子が見えよう．

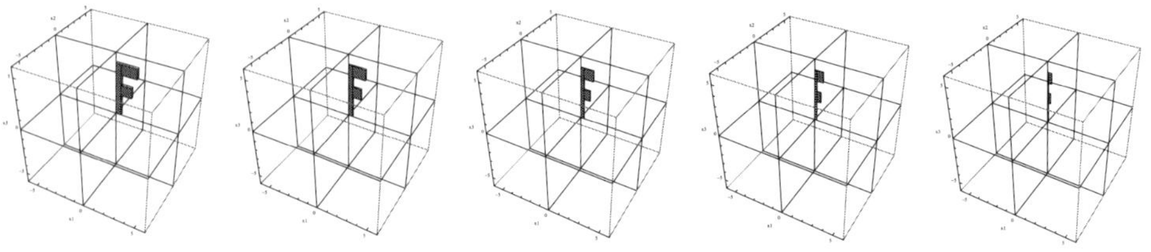

図 8.8

第 8 章　演習問題

(1) 次の行列式を求めよ．

(a) $|A| = \begin{vmatrix} -3 & 2 & 6 \\ 5 & -8 & 0 \\ 0 & 0 & 4 \end{vmatrix}$,　(b) $|B| = \begin{vmatrix} 4 & 0 & 0 \\ 0 & 9 & 0 \\ 0 & 0 & 2 \end{vmatrix}$,　(c) $|C| = \begin{vmatrix} x & y & z \\ u & v & w \\ k & m & n \end{vmatrix}$

(2) 次の行列式を求めよ．

(a) $|X| = \begin{vmatrix} 3 & -4 & 5 \\ -1 & 7 & 1 \\ 1 & 0 & 4 \end{vmatrix}$,　(b) $|Y| = \begin{vmatrix} 4 & -1 & 0 \\ 2 & 9 & 0 \\ -1 & 0 & 2 \end{vmatrix}$,　(c) $|Z| = \begin{vmatrix} a & b & c \\ d & e & f \\ g & h & i \end{vmatrix}$

(3) 次の線形変換によって体積 5 の像は体積がいくつの像に変換されるか．求めよ．

$$\begin{pmatrix} y_1 \\ y_2 \\ y_3 \end{pmatrix} = \begin{pmatrix} 5 & 2 & 0 \\ 1 & 3 & 1 \\ 0 & 1 & 2 \end{pmatrix} \begin{pmatrix} x_1 \\ x_2 \\ x_3 \end{pmatrix}$$

(4) 次の線形変換によって体積 3 の像は体積がいくつの像に変換されるか．求めよ．

$$\begin{pmatrix} y_1 \\ y_2 \\ y_3 \end{pmatrix} = \begin{pmatrix} 3 & -2 & 1 \\ 0 & -3 & 0 \\ 2 & 0 & -2 \end{pmatrix} \begin{pmatrix} x_1 \\ x_2 \\ x_3 \end{pmatrix}$$

第9章　一般次元の行列式

これまで2次元と3次元の行列式を学んできた．そこでは，2次元の行列式は「符号の付いた平行四辺形の面積」という具体的意味があり，3次元の行列式は「符号の付いた平行六面体の体積」という具体的な意味があった．4次元以上の一般の次元での行列式はこのような，面積とか体積などの意味が使えない．どう考えればよいだろうか？

9.1　n 次元の行列式の基本性質

一般の次元のベクトルとして，n 次元のベクトルを n 個考える．

$$\boldsymbol{a_1} = \begin{pmatrix} a_{11} \\ a_{21} \\ \vdots \\ a_{n1} \end{pmatrix}, \quad \boldsymbol{a_2} = \begin{pmatrix} a_{12} \\ a_{22} \\ \vdots \\ a_{n2} \end{pmatrix}, \quad \cdots, \quad \boldsymbol{a_n} = \begin{pmatrix} a_{1n} \\ a_{2n} \\ \vdots \\ a_{nn} \end{pmatrix} \tag{9.1}$$

この n 個の n 次元ベクトルから定まるただ1つの数値が次の性質をもつものとする．そんな性質を持つものがあるかどうかは後でわかってくる．

このような性質を持つものが一般の行列式であるが，このような性質を持つものが1つしかないので，行列式の定義としていいことになるわけである．

一般の行列式の元になる性質というのは2次元と3次元の交代積で成り立ったのと同じ性質である．

① $\boldsymbol{a_1} \wedge \boldsymbol{a_2} \wedge \cdots \wedge \boldsymbol{a_n} = 0$ (同じベクトルがあれば交代積は0)

② $\boldsymbol{a_2} \wedge \boldsymbol{a_1} \wedge \cdots \wedge \boldsymbol{a_n} = -\boldsymbol{a_1} \wedge \boldsymbol{a_2} \wedge \cdots \wedge \boldsymbol{a_n}$ (順序を交代すると符号が入れ替わる)

③ $\boldsymbol{a_1} \wedge (\boldsymbol{a_2} + \boldsymbol{a_2'}) \wedge \cdots \wedge \boldsymbol{a_n} = \boldsymbol{a_1} \wedge \boldsymbol{a_2} \wedge \cdots \wedge \boldsymbol{a_n} + \boldsymbol{a_1} \wedge \boldsymbol{a_2'} \wedge \cdots \wedge \boldsymbol{a_n}$ (2番目のベクトルの和の分配法則が成り立つ)

④ $(\boldsymbol{a_1} + \boldsymbol{a_1'}) \wedge \boldsymbol{a_2} \wedge \cdots \wedge \boldsymbol{a_n} = \boldsymbol{a_1} \wedge \boldsymbol{a_2} \wedge \cdots \wedge \boldsymbol{a_n} + \boldsymbol{a_1'} \wedge \boldsymbol{a_2} \wedge \cdots \wedge \boldsymbol{a_n}$ (1番目のベクトルの和の分配法則が成り立つ．更に，何番目のベクトルの和についても分配法則が成り立つ)

⑤ 実数 k に対して $\boldsymbol{a_1} \wedge (k\boldsymbol{a_2}) \wedge \cdots \wedge \boldsymbol{a_n} = k(\boldsymbol{a_1} \wedge \boldsymbol{a_2} \wedge \cdots \wedge \boldsymbol{a_n})$ (何番目のベクトルについても実数の積は外へ出してよい)

⑥ $\boldsymbol{e_1} \wedge \boldsymbol{e_2} \wedge \cdots \wedge \boldsymbol{e_n} = 1$ (基本ベクトルの交代積は1)

9.2　n 次の行列式を求める

n 次の交代積の基本性質から，その値を定める法則を導き出してみる．つまり，$\boldsymbol{a_1} \wedge \boldsymbol{a_2} \wedge \cdots \wedge \boldsymbol{a_n}$ を，これらのベクトルの各成分からどのように計算されるかの式を導こうというのである．考え方とやり方は2次元や3次元の場合と同じである．

はじめに，これらのベクトルをすべて基本ベクトルで表しておく．

$$\begin{aligned}
\boldsymbol{a_1} &= a_{11}\boldsymbol{e_1} + a_{21}\boldsymbol{e_2} + \cdots + a_{n1}\boldsymbol{e_n} \\
\boldsymbol{a_2} &= a_{12}\boldsymbol{e_1} + a_{22}\boldsymbol{e_2} + \cdots + a_{n2}\boldsymbol{e_n} \\
&\cdots \\
\boldsymbol{a_n} &= a_{1n}\boldsymbol{e_1} + a_{2n}\boldsymbol{e_2} + \cdots + a_{nn}\boldsymbol{e_n}
\end{aligned} \tag{9.2}$$

これから交代積の性質を用いて展開して計算していく.

$$\begin{aligned}
&\boldsymbol{a_1} \wedge \boldsymbol{a_2} \wedge \cdots \wedge \boldsymbol{a_n} \\
&\quad = (a_{11}\boldsymbol{e_1} + a_{21}\boldsymbol{e_2} + \cdots + a_{n1}\boldsymbol{e_n}) \wedge (a_{12}\boldsymbol{e_1} + a_{22}\boldsymbol{e_2} + \cdots + a_{n2}\boldsymbol{e_n}) \wedge \\
&\qquad \cdots \wedge (a_{1n}\boldsymbol{e_1} + a_{2n}\boldsymbol{e_2} + \cdots + a_{nn}\boldsymbol{e_n})
\end{aligned} \tag{9.3}$$

この式を展開するのに，各項から 1 つとってかけて足せばいいのだが，同じ $\boldsymbol{e_i}$ になる場合は交代積が 0 になるので，省略するのである.

つまり，一般的に次のように文字を使って表せるが，$i, j, \cdots$ は異なる数ということになる. 別のいい方をすれば，$(1, 2, 3, \cdots, n)$ を順序を入れ替えたのが，$(i, j, \cdots)$ ということである.

$$\begin{aligned}
&\boldsymbol{a_1} \wedge \boldsymbol{a_2} \wedge \cdots \wedge \boldsymbol{a_n} \\
&\quad = \sum_{i,j,\cdots} (a_{i1}\boldsymbol{e_i}) \wedge (a_{j2}\boldsymbol{e_j}) \wedge + \cdots \\
&\quad = \sum_{i,j,\cdots} (a_{i1}a_{j2}\cdots)(\boldsymbol{e_i} \wedge \boldsymbol{e_j} \wedge \cdots)
\end{aligned} \tag{9.4}$$

ここで，$(\boldsymbol{e_i} \wedge \boldsymbol{e_j} \wedge \cdots)$ の値であるが，$\cdots$ があるとわかりにくいので，4 次元の場合にいくつかの例を調べてみよう.

$$\begin{aligned}
&\boldsymbol{e_1} \wedge \boldsymbol{e_2} \wedge \boldsymbol{e_3} \wedge \boldsymbol{e_4} = 1 \\
&\boldsymbol{e_2} \wedge \boldsymbol{e_1} \wedge \boldsymbol{e_3} \wedge \boldsymbol{e_4} = -\boldsymbol{e_1} \wedge \boldsymbol{e_2} \wedge \boldsymbol{e_3} \wedge \boldsymbol{e_4} = -1 \\
&\boldsymbol{e_4} \wedge \boldsymbol{e_1} \wedge \boldsymbol{e_3} \wedge \boldsymbol{e_2} = -\boldsymbol{e_2} \wedge \boldsymbol{e_1} \wedge \boldsymbol{e_3} \wedge \boldsymbol{e_4} = -(-1) = 1 \\
&\boldsymbol{e_2} \wedge \boldsymbol{e_1} \wedge \boldsymbol{e_3} \wedge \boldsymbol{e_4} = -\boldsymbol{e_4} \wedge \boldsymbol{e_1} \wedge \boldsymbol{e_3} \wedge \boldsymbol{e_2} = -1 \\
&\quad \cdots
\end{aligned} \tag{9.5}$$

などとなっている．ここでわかることは，「1 回入れ替えるごとにプラスとマイナスが変わる」ということである.

$$\begin{aligned}
&(2,1,3,4) \text{ は } (1,2,3,4) \text{ を 1 回入れ替えたので，} \boldsymbol{e_2} \wedge \boldsymbol{e_1} \wedge \boldsymbol{e_3} \wedge \boldsymbol{e_4} = -1 \\
&(4,1,3,2) \text{ は，これをさらに入れ替えたので，} \boldsymbol{e_4} \wedge \boldsymbol{e_1} \wedge \boldsymbol{e_3} \wedge \boldsymbol{e_2} = -(-1) = 1 \\
&(4,3,1,2) \text{ は，これをさらに入れ替えたので，} \boldsymbol{e_4} \wedge \boldsymbol{e_3} \wedge \boldsymbol{e_1} \wedge \boldsymbol{e_2} = -1
\end{aligned} \tag{9.6}$$

となるわけである.

9.3 置換と符号

数の組 $(1, 2, 3, 4)$ を並べ替えて，$(4, 3, 2, 1)$ とすることは，数学のいろいろなところで出てくる．それを，**置換** (permutation) といって，縦に書いて次のように表す．置換自体を表す記号としてはギリシャ文字を使うことが多い.

$$\sigma=\begin{pmatrix}1&2&3&4\\2&1&3&4\end{pmatrix},\quad \eta=\begin{pmatrix}1&2&3&4\\4&1&3&2\end{pmatrix},\quad \rho=\begin{pmatrix}1&2&3&4\\4&3&1&2\end{pmatrix} \tag{9.7}$$

いま，行列式の計算途中で問題なのは，上の段の数の列を下の段の数の列にするのに，「上の段の 2 つの数を交換する」という操作だけで下の段を得るということであった.

2 つの数を入れ替えてできる置換のことを，**互換**という．そして，偶数回の互換で得られる置換を，**偶置換** (even permutation) といい，奇数回の互換で得られる置換を，**奇置換** (odd permutation) という.

ここでは証明はしないが，どんな置換でも偶置換か奇置換かのどちらかになることが知られている．ある置換を互換の繰り返しで表す方法はいろいろあるのだが，偶数回か奇数回かは同じであることも知られている.

さて，交代積の計算で必要なのは，偶置換ならプラス 1，奇置換ならばマイナス 1 を指示することであった．このように，置換に対して定めた符号を，**置換の符号** (signature) といい，$\mathrm{sgn}(\sigma)=1$ などと表す．先ほどの例では次のようになる.

$$\begin{aligned}
(1,2)\text{ を交換}\rightarrow\quad&\begin{pmatrix}1&2&3&4\\2&1&3&4\end{pmatrix}\\
(4,2)\text{ を交換}\rightarrow\quad&\begin{pmatrix}2&1&3&4\\4&1&3&2\end{pmatrix}\\
(1,3)\text{ を交換}\rightarrow\quad&\begin{pmatrix}4&1&3&2\\4&3&1&2\end{pmatrix}
\end{aligned} \tag{9.8}$$

奇数回の互換で得られたので，この置換の符号は -1 である.

$$\mathrm{sgn}\begin{pmatrix}1&2&3&4\\4&3&1&2\end{pmatrix}=-1 \tag{9.9}$$

互換というのは，交換する操作であるから，逆に戻ることもできる．これを，**逆置換**という．$\mathrm{sgn}\begin{pmatrix}1&2&3&4\\4&3&1&2\end{pmatrix}$ を調べるのに，$\mathrm{sgn}\begin{pmatrix}4&3&1&2\\1&2&3&4\end{pmatrix}$ を調べてもよいわけである.

[**例題 1**]

次のような置換の符号を求めてみよ.

$$\sigma=\begin{pmatrix}1&2&3&4&5\\4&5&2&1&3\end{pmatrix} \tag{9.10}$$

[解] 逆置換の符号を求めてみる.

$$\begin{matrix}\\ 1\text{ 回目}:(1,4)\text{ の交換}\\ 2\text{ 回目}:(2,5)\text{ の交換}\\ 3\text{ 回目}:(3,5)\text{ の交換}\end{matrix}\quad\begin{pmatrix}4&5&2&1&3\\1&5&2&4&3\\1&2&5&4&3\\1&2&3&4&5\end{pmatrix} \tag{9.11}$$

3 回という奇数回の互換で得られたので奇置換ということになり，符号が -1 と定まる．

$$\mathrm{sgn}\begin{pmatrix}4 & 5 & 2 & 1 & 3\\ 1 & 2 & 3 & 4 & 5\end{pmatrix} = \mathrm{sgn}\begin{pmatrix}1 & 2 & 3 & 4 & 5\\ 4 & 5 & 2 & 1 & 3\end{pmatrix} = -1 \tag{9.12}$$

9.4　n 次の行列式の表現

置換の符号を使うと，途中だった n 個の n 次のベクトルの交代積が次のように表せる．

$$\boldsymbol{a_1} \wedge \boldsymbol{a_2} \wedge \cdots \wedge \boldsymbol{a_n} = \sum_{(i_1, i_2, \cdots, i_n)} a_{i_1 1} a_{i_2 2} \cdots a_{i_n n} \mathrm{sgn}\begin{pmatrix}1 & 2 & \cdots & n\\ i_1 & i_2 & \cdots & i_n\end{pmatrix} \tag{9.13}$$

上の式で，$\sum$ は，「和」を表す記号でギリシャ文字のシグマである．

$(i_1, i_2, \cdots, i_n)$ は，$(1, 2, \cdots, n)$ を入れ替えたもので，すべての置換について加えることを意味している．

この同じ式を，行列から定まる行列式というわけである．次の式が，n 次の一般の行列式の定義というわけである．

$$\begin{vmatrix}a_{11} & a_{12} & \cdots & a_{1n}\\ a_{21} & a_{22} & \cdots & a_{2n}\\ \vdots & \vdots & \cdots & \vdots\\ a_{n1} & a_{n2} & \cdots & a_{nn}\end{vmatrix} = \sum_{(i_1, i_2, \cdots, i_n)} a_{i_1 1} a_{i_2 2} \cdots a_{i_n n} \mathrm{sgn}\begin{pmatrix}1 & 2 & \cdots & n\\ i_1 & i_2 & \cdots & i_n\end{pmatrix} \tag{9.14}$$

$a_{i_1 1} a_{i_2 2} \cdots a_{i_n n}$ というのは，1 列目から i_1 行目の $a_{i_1 1}$ をとり，2 列目から i_2 行目の $a_{i_2 1}$ をとり，$\cdots n$ 列目から i_n 行目の $a_{i_n 1}$ をとってかけているという意味である．

そのことは，置換 $\begin{pmatrix}1 & 2 & \cdots & n\\ i_1 & i_2 & \cdots & i_n\end{pmatrix}$ でもいえることで，上の段が「列の数」を表し，下の段が，「何行目をとったか」を表しているわけである．

また，$a_{i_1 1} a_{i_2 2} \cdots a_{i_n n}$ をみれば，各列からは 1 つの要素だけをとっていることがわかる．さらに，$(i_1, i_2, \cdots, i_n)$ というのは，$(1, 2, \cdots, n)$ を入れ替えたものであったから同じ数はありえない．つまり，同じ行からは 1 つだけ取っていることになる．

つまり，行列式というのは，「すべての行と列から 1 つだけをとってかけて，符号を付けて足した数値」ということになる．符号の付け方というのが，置換の符号というわけである．

[例題 **2**]

次の行列式を計算するとき，$9 \times 14 \times 7 \times 4$ という項が出てくるが，そこにつく符号を求めよ．

$$\begin{vmatrix}1 & 2 & 3 & 4\\ 5 & 6 & 7 & 8\\ 9 & 10 & 11 & 12\\ 13 & 14 & 15 & 16\end{vmatrix} \tag{9.15}$$

[解] $9 \times 14 \times 7 \times 4$ は，1 列目から 3 行目，2 列目から 4 行目，3 列目から 2 行目，4 列目から 1 行目，を選んだ場合である．そこにつく符号は次の置換の符号を調べればいいことになる．

$$\begin{pmatrix}1 & 2 & 3 & 4\\ 3 & 4 & 2 & 1\end{pmatrix} \tag{9.16}$$

互換を何回繰り返すとよいかを調べる.

$$\begin{array}{r} \\ 1\text{ 回目}:(1,4)\text{ の交換} \\ 2\text{ 回目}:(2,5)\text{ の交換} \\ 3\text{ 回目}:(3,5)\text{ の交換} \end{array}\begin{pmatrix} 3 & 4 & 2 & 1 \\ 1 & 4 & 2 & 3 \\ 1 & 2 & 4 & 3 \\ 1 & 2 & 3 & 4 \end{pmatrix} \tag{9.17}$$

3 回という奇数回なので，奇置換であり，置換の符号は -1 ということになる.

[**例題 3**]

次の行列式の値を求めよ.

$$\begin{vmatrix} 0 & 0 & 0 & 4 \\ 2 & 5 & -3 & 6 \\ 0 & 3 & 9 & -7 \\ 0 & 0 & 7 & 8 \end{vmatrix} \tag{9.18}$$

[**解**] (1) 1 列目からとろうとすると，0 でないのは 2 行目だけである.

(2) 2 行目はすでに 1 列目でとっているので，0 でないのは 3 行目だけある.

(3) 3 列目からは 2 行目と 3 行目以外，0 でないのは 4 行目だけである.

(2) 4 列目からとろうとすると，1 行目をとるだけである.

というわけで，$2 \times 3 \times 7 \times 4$ のみで，符号は置換 $\begin{pmatrix} 1 & 2 & 3 & 4 \\ 2 & 3 & 4 & 1 \end{pmatrix}$ の符号を調べればいいことになる.

$$\begin{array}{r} \\ 1\text{ 回目}:(1,2)\text{ の交換} \\ 2\text{ 回目}:(2,3)\text{ の交換} \\ 3\text{ 回目}:(3,5)\text{ の交換} \end{array}\begin{pmatrix} 2 & 3 & 4 & 1 \\ 1 & 3 & 4 & 2 \\ 1 & 2 & 4 & 3 \\ 1 & 2 & 3 & 4 \end{pmatrix} \tag{9.19}$$

計算して奇置換であることがわかり，符号は -1 になる．以上のことから，行列式の値が $-2 \times 3 \times 7 \times 4 = -168$ と求まる.

第 9 章　演習問題

(1) 次の置換は偶置換か奇置換か.

$$\sigma = \begin{pmatrix} 1 & 2 & 3 & 4 \\ 4 & 3 & 2 & 1 \end{pmatrix}, \quad \eta = \begin{pmatrix} 1 & 2 & 3 & 4 & 5 \\ 4 & 1 & 2 & 5 & 3 \end{pmatrix}$$

(2) 次の置換 σ，η の符号 $\mathrm{sgn}(\sigma)$，$\mathrm{sgn}(\eta)$ を求めよ.

$$\sigma = \begin{pmatrix} 1 & 2 & 3 & 4 \\ 4 & 1 & 2 & 3 \end{pmatrix}, \quad \eta = \begin{pmatrix} 1 & 2 & 3 & 4 & 5 \\ 4 & 5 & 1 & 3 & 2 \end{pmatrix}$$

(3) 次の行列式を展開したとき，$a_{51}a_{42}a_{33}a_{24}a_{15}$ につく符号はプラスかマイナスか.

$$\begin{vmatrix} a_{11} & a_{12} & a_{13} & a_{14} & a_{15} \\ a_{21} & a_{22} & a_{23} & a_{24} & a_{25} \\ a_{31} & a_{32} & a_{33} & a_{34} & a_{35} \\ a_{41} & a_{42} & a_{43} & a_{44} & a_{45} \\ a_{51} & a_{52} & a_{53} & a_{54} & a_{55} \end{vmatrix}$$

(4) 次の行列式の値を求めよ.

$$\text{(a)}\ \begin{vmatrix} 0 & -3 & -4 & 7 \\ 0 & 0 & 1 & -5 \\ 0 & 0 & 0 & 3 \\ -2 & 4 & 8 & 9 \end{vmatrix}, \qquad \text{(b)}\ \begin{vmatrix} -1 & -5 & 2 & 7 \\ 0 & 0 & 6 & -2 \\ 0 & 3 & 4 & 8 \\ 0 & 0 & -3 & 1 \end{vmatrix}$$

第10章　2元連立1次方程式とクラーメルの公式

方程式については中学校で初めて学んだことだろう．どんなものだったかを思い出してみよう．わからない数量があるのだが，その数量を含むある関係式や事柄はわかっているという状況が出発点である．

このような前提からわからなかった数量を見つけ出そうというのが方程式の考えである．わからない数量が2つあるとき「2元」といい，関係式が1次式だけのとき「1次方程式」という．

「2元連立1次方程式」というのは，したがって，未知の量が2つで，関係式が1次式に限るという場合である．

これは中学で学んでいるのであるが，これまでの線形代数で学んだことを活用して，もっとわかりやすく解く方法を学ぶのがここでの課題である．

10.1　2元連立1次方程式の量的意味

次のような実際の問題を考えてみよう．

「家から学校まで750 m ある．学校へ行くのに，今家から30 m のところに来ている．1分間に80 m の速さで歩くとして，学校へ着くまでにあと何分歩けばいいだろうか？」

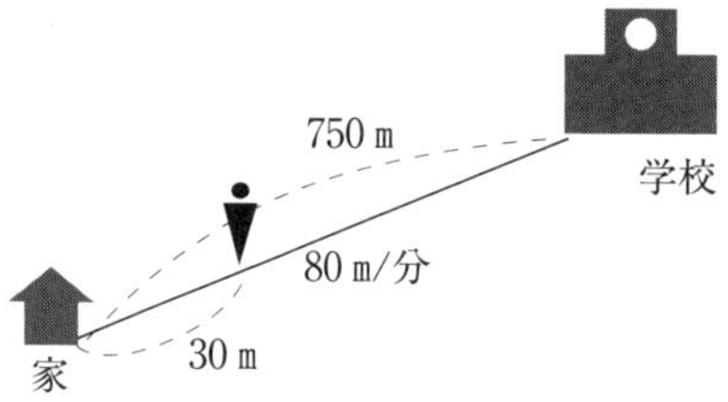

図 10.1

1分間で何 m，2分間で何 m，などとして試行錯誤で求めることもできるが，もう少しスマートに求める方法を考えてみよう．

求めたい時間を，文字を使って x で表し，x 分歩けば750 m になるという式を作ってみる．80 m/分の速さで歩ける距離は，$80\,\mathrm{m/分} \times x\,分 = 80x\,\mathrm{m}$ と表せる．すでに30 m 歩いているので次の式が成り立つ．

$$30_{(\mathrm{m})} + 80x_{(\mathrm{m})} = 750_{(\mathrm{m})} \quad \Rightarrow \quad 30 + 80x = 750 \tag{10.1}$$

両辺から30を引いて，$80x = 750 - 30 = 720$ となる．さらに両辺を80で割って，$x = 9$ が得られる．

このように使った文字 x を，未知数というのであった．

次の問題では未知数が2つある．

「冷蔵庫と洗濯機の1台当たりの価格が，5万円/台，3万円/台であり，重さが，30 kg/台と

10 kg/台であるという資料はわかっている．また，総金額が 55 万円で総重量が 290 kg であることもわかっている．

なにかの手違いで冷蔵庫と洗濯機の数量がわからなくなってしまった．冷蔵庫と洗濯機の台数を求めてくれ．」

どのように課題を解決するかが問題である．方程式の考えでは，わからないものをとりあえず文字を使って表し，わかっている関係式を表現する．

$$\begin{cases} 5x + 3y = 55 \\ 30_{(\mathrm{kg}/台)} x_{(台)} + 10_{(\mathrm{kg}/台)} y_{(台)} = 290_{(\mathrm{kg})} \end{cases} \Rightarrow \begin{cases} 5x + 3y = 65 \\ 30x + 10y = 290 \end{cases} \tag{10.2}$$

このように未知数が x，y と 2 つある方程式を，2 元連立方程式というのであった．

10.2　交代積で表して解く

上のような連立方程式は中学校で学んだことだろう．中学校ではいろいろな方法で解くことを学んだであろうが，ここでは，「ベクトルと交代積を活用する方法」を学ぶ．

はじめに，2 つの式を 1 つにまとめる方法として，ベクトルで表してみる．

$$\begin{pmatrix} 5x + 3y \\ 30x + 10y \end{pmatrix} = \begin{pmatrix} 55 \\ 290 \end{pmatrix} \Rightarrow \begin{pmatrix} 5x \\ 30x \end{pmatrix} + \begin{pmatrix} 3y \\ 10y \end{pmatrix} = \begin{pmatrix} 55 \\ 290 \end{pmatrix} \tag{10.3}$$

x と y が共通にあるので前に出しておこう．

$$x \begin{pmatrix} 5 \\ 30 \end{pmatrix} + y \begin{pmatrix} 3 \\ 10 \end{pmatrix} = \begin{pmatrix} 55 \\ 290 \end{pmatrix} \tag{10.4}$$

ここで，未知数が 2 つの連立方程式を解くときに，「未知数を 1 つに減らす」という考えが有効である．それでは，y を消す方法を考えてみます．もちろん，「邪魔だから消しゴムで消してしまおう」というのではだめである．きちんとした論理的な操作をしなければならない．

ここで思い出してほしいのが，「同じベクトルの交代積は 0」ということである．y のところについているベクトルをかけてやればいい．

$$\left\{ x \begin{pmatrix} 5 \\ 30 \end{pmatrix} + y \begin{pmatrix} 3 \\ 10 \end{pmatrix} \right\} \wedge \begin{pmatrix} 3 \\ 10 \end{pmatrix} = \begin{pmatrix} 55 \\ 290 \end{pmatrix} \wedge \begin{pmatrix} 3 \\ 10 \end{pmatrix} \tag{10.5}$$

$$x \begin{pmatrix} 5 \\ 30 \end{pmatrix} \wedge \begin{pmatrix} 3 \\ 10 \end{pmatrix} + y \begin{pmatrix} 3 \\ 10 \end{pmatrix} \wedge \begin{pmatrix} 3 \\ 10 \end{pmatrix} = \begin{pmatrix} 55 \\ 290 \end{pmatrix} \wedge \begin{pmatrix} 3 \\ 10 \end{pmatrix} \tag{10.6}$$

$$x \begin{pmatrix} 5 \\ 30 \end{pmatrix} \wedge \begin{pmatrix} 3 \\ 10 \end{pmatrix} = \begin{pmatrix} 55 \\ 290 \end{pmatrix} \wedge \begin{pmatrix} 3 \\ 10 \end{pmatrix} \tag{10.7}$$

$$x = \frac{\begin{pmatrix} 55 \\ 290 \end{pmatrix} \wedge \begin{pmatrix} 3 \\ 10 \end{pmatrix}}{\begin{pmatrix} 5 \\ 30 \end{pmatrix} \wedge \begin{pmatrix} 3 \\ 10 \end{pmatrix}} = \frac{\begin{vmatrix} 55 & 3 \\ 290 & 10 \end{vmatrix}}{\begin{vmatrix} 5 & 3 \\ 30 & 10 \end{vmatrix}} = \frac{-320}{-40} = 8 \tag{10.8}$$

これで x が求められた．同じようにして今度は x を消して y を求めよう．x のところについているベクトルをかければいいのであるが，右からかけてみると，分母に来る行列式が異なってしまい不便である．そのために今度は前からかけると便利になる．

$$\begin{pmatrix}5\\30\end{pmatrix}\wedge\left\{x\begin{pmatrix}5\\30\end{pmatrix}+y\begin{pmatrix}3\\10\end{pmatrix}\right\}=\begin{pmatrix}5\\30\end{pmatrix}\wedge\begin{pmatrix}55\\290\end{pmatrix} \tag{10.9}$$

$$x\begin{pmatrix}5\\30\end{pmatrix}\wedge\begin{pmatrix}5\\30\end{pmatrix}+y\begin{pmatrix}5\\30\end{pmatrix}\wedge\begin{pmatrix}3\\10\end{pmatrix}=\begin{pmatrix}5\\30\end{pmatrix}\wedge\begin{pmatrix}55\\290\end{pmatrix} \tag{10.10}$$

$$y\begin{pmatrix}5\\30\end{pmatrix}\wedge\begin{pmatrix}3\\10\end{pmatrix}=\begin{pmatrix}5\\30\end{pmatrix}\wedge\begin{pmatrix}55\\290\end{pmatrix} \tag{10.11}$$

$$y=\frac{\begin{pmatrix}5\\30\end{pmatrix}\wedge\begin{pmatrix}55\\290\end{pmatrix}}{\begin{pmatrix}5\\30\end{pmatrix}\wedge\begin{pmatrix}3\\10\end{pmatrix}}=\frac{\begin{vmatrix}5&55\\30&290\end{vmatrix}}{\begin{vmatrix}5&3\\30&10\end{vmatrix}}=\frac{-200}{-40}=5 \tag{10.12}$$

x を求める行列式も y を求める行列式も，分母は共通の行列であることがわかる．分子は，x を求めるときは x の係数の代わりに定数項の数値を置き換え，y を求めるときは y の係数の代わりに定数項を置き換えることになっていることがわかる．行列式のところまでの変形では，係数の数値の加減乗除は行っていないから様子がわかるようになっている．

このことをきちんと示したいときには，数値の代わりに一般的な文字で計算すればいいことである．

10.3 クラーメルの公式

2 元の連立 1 次方程式を一般に文字係数で表すと次のようになる．

$$\begin{cases}a_1x+b_1y=c_1\\a_2x+b_2y=c_2\end{cases} \tag{10.13}$$

この式をベクトルで表すと次のようになる．

$$x\begin{pmatrix}a_1\\a_2\end{pmatrix}+y\begin{pmatrix}b_1\\b_2\end{pmatrix}=\begin{pmatrix}c_1\\c_2\end{pmatrix} \tag{10.14}$$

ここで，y を消去するために，右から $\begin{pmatrix}b_1\\b_2\end{pmatrix}$ をかけて交代積を作る．

$$\left\{x\begin{pmatrix}a_1\\a_2\end{pmatrix}+y\begin{pmatrix}b_1\\b_2\end{pmatrix}\right\}\wedge\begin{pmatrix}b_1\\b_2\end{pmatrix}=\begin{pmatrix}c_1\\c_2\end{pmatrix}\wedge\begin{pmatrix}b_1\\b_2\end{pmatrix} \tag{10.15}$$

分配法則を使ってばらばらにする．

$$x\begin{pmatrix}a_1\\a_2\end{pmatrix}\wedge\begin{pmatrix}b_1\\b_2\end{pmatrix}+y\begin{pmatrix}b_1\\b_2\end{pmatrix}\wedge\begin{pmatrix}b_1\\b_2\end{pmatrix}=\begin{pmatrix}c_1\\c_2\end{pmatrix}\wedge\begin{pmatrix}b_1\\b_2\end{pmatrix} \tag{10.16}$$

同じベクトルの交代積は 0 であることを使うと次のようになる．

$$x\begin{pmatrix}a_1\\a_2\end{pmatrix}\wedge\begin{pmatrix}b_1\\b_2\end{pmatrix}=\begin{pmatrix}c_1\\c_2\end{pmatrix}\wedge\begin{pmatrix}b_1\\b_2\end{pmatrix} \tag{10.17}$$

x は次のように表せる．最後は行列式で表しておく．

$$x=\frac{\begin{pmatrix}c_1\\c_2\end{pmatrix}\wedge\begin{pmatrix}b_1\\b_2\end{pmatrix}}{\begin{pmatrix}a_1\\a_2\end{pmatrix}\wedge\begin{pmatrix}b_1\\b_2\end{pmatrix}}=\frac{\begin{vmatrix}c_1&b_1\\c_2&b_2\end{vmatrix}}{\begin{vmatrix}a_1&b_1\\a_2&b_2\end{vmatrix}} \tag{10.18}$$

y を求めるには x の係数を消去したいので，$\begin{pmatrix}a_1\\a_2\end{pmatrix}$ を左からかけた交代積を作る．

$$\begin{pmatrix}a_1\\a_2\end{pmatrix}\wedge\left\{x\begin{pmatrix}a_1\\a_2\end{pmatrix}+y\begin{pmatrix}b_1\\b_2\end{pmatrix}\right\}=\begin{pmatrix}a_1\\a_2\end{pmatrix}\wedge\begin{pmatrix}c_1\\c_2\end{pmatrix} \tag{10.19}$$

交代積の分配法則を使って展開する．

$$x\begin{pmatrix}a_1\\a_2\end{pmatrix}\wedge\begin{pmatrix}a_1\\a_2\end{pmatrix}+y\begin{pmatrix}a_1\\a_2\end{pmatrix}\wedge\begin{pmatrix}b_1\\b_2\end{pmatrix}=\begin{pmatrix}a_1\\a_2\end{pmatrix}\wedge\begin{pmatrix}c_1\\c_2\end{pmatrix} \tag{10.20}$$

ここで，同じ物の交代積は 0 であることから次のように変形できる．

$$y\begin{pmatrix}a_1\\a_2\end{pmatrix}\wedge\begin{pmatrix}b_1\\b_2\end{pmatrix}=\begin{pmatrix}a_1\\a_2\end{pmatrix}\wedge\begin{pmatrix}c_1\\c_2\end{pmatrix} \tag{10.21}$$

これから y は次のように求められる．最後は行列式で表しておく．

$$y=\frac{\begin{pmatrix}a_1\\a_2\end{pmatrix}\wedge\begin{pmatrix}c_1\\c_2\end{pmatrix}}{\begin{pmatrix}a_1\\a_2\end{pmatrix}\wedge\begin{pmatrix}b_1\\b_2\end{pmatrix}}=\frac{\begin{vmatrix}a_1&c_1\\a_2&c_2\end{vmatrix}}{\begin{vmatrix}a_1&b_1\\a_2&b_2\end{vmatrix}} \tag{10.22}$$

x と y をまとめると次のようになるが，この公式を，**クラーメルの公式**という．

$$x=\frac{\begin{vmatrix}c_1&b_1\\c_2&b_2\end{vmatrix}}{\begin{vmatrix}a_1&b_1\\a_2&b_2\end{vmatrix}},\quad y=\frac{\begin{vmatrix}a_1&c_1\\a_2&c_2\end{vmatrix}}{\begin{vmatrix}a_1&b_1\\a_2&b_2\end{vmatrix}} \tag{10.23}$$

この公式は，連立 1 次方程式の解を，元の方程式の係数で表しているというすぐれた特長があるのだが，1 つだけ困ったことがある．

それは，分母が 0 になっているときには使えないということである．分母に 0 が来ると，分数の意味が定まらないからである．であるから，クラーメルの公式は，$\begin{vmatrix}a_1&b_1\\a_2&b_2\end{vmatrix}\neq 0$ という条件で成り立つ公式なのである．しかし，クラーメルの公式が使える場合というのは，解がクラーメルの公式で表せるわけだから，ただ 1 組解が定まっているということでもある．係数の行列式が 0 の場合は，解がないか，解が 2 つ以上ある場合ということにもなる．

ところで，クラーメルとは，ガブリエル・クラーメル (Gabriel Cramer) のことで，1704 年生まれ 1752 年没のスイスの数学者である．早くから数学の能力を発揮し，18 歳で博士号を得ているほどである．1750 年に書いた論文の中で，上記の連立 1 次方程式の解の公式を使っていることから，今日ではクラーメルの公式と呼ばれているが，彼より以前にこの公式をつかった人は何人か知られている．江戸時代の和算でもこの公式はクラーメルよりかなり前に知られていて使われていた．明治以降，日本の数学は和算でなく欧米の数学を取り入れたために和算は生かされなかったのである．

[**例題 1**]

2 種類の食塩水 A と B を作る必要が生じた．両方の食塩水の重さの和は，500 g である．

また，両方の食塩水の濃度は，A が 3%で，B が 2%である．食塩の量は合わせて 12 g である．A と B の食塩水の量を求めよ．

[解] 求める食塩水の量を A が x g で B が y g とする．

食塩水の量についての式と，食塩の量についての式の 2 つが得られる．

$$\begin{cases} x + y = 500 \\ 0.03x + 0.02y = 12 \end{cases} \tag{10.24}$$

クラーメルの公式を適用して，次のように求められる．

$$x = \frac{\begin{vmatrix} 500 & 1 \\ 12 & 0.02 \end{vmatrix}}{\begin{vmatrix} 1 & 1 \\ 0.03 & 0.02 \end{vmatrix}} = \frac{500 \times 0.02 - 1 \times 12}{1 \times 0.03 - 1 \times 0.02} = 200 \tag{10.25}$$

$$y = \frac{\begin{vmatrix} 1 & 500 \\ 0.03 & 12 \end{vmatrix}}{\begin{vmatrix} 1 & 1 \\ 0.03 & 0.02 \end{vmatrix}} = \frac{1 \times 12 - 500 \times 0.02}{1 \times 0.03 - 1 \times 0.02} = 300 \tag{10.26}$$

[**例題 2**]

次の連立 1 次方程式には解が 2 つ以上あるという．係数の a の値を求めよ．

$$\begin{cases} 2x + ay = 1 \\ -4x + 2y = -2 \end{cases} \tag{10.27}$$

[解] 解が 2 つ以上あるのはクラーメルの公式が使えない場合で，係数の行列式の値が 0 になるときである．

$$\begin{vmatrix} 2 & a \\ -4 & 2 \end{vmatrix} = 0, \qquad 4 + 4a = 0, \qquad a = -1 \tag{10.28}$$

第10章　演習問題

(1) 冷蔵庫と洗濯機の 1 台当たりの価格が，6 万円/台，4 万円/台であり，重さが，35 kg/台と 20 kg/台であるという資料は分かっている．また，総金額が 62 万円で総重量が 335 kg であることもわかっている．なにかの手違いで冷蔵庫と洗濯機の数量がわからなくなってしまった．冷蔵庫と洗濯機の台数を求めよ．

(2) 次の連立 1 次方程式を，クラーメルの公式で解け．

$$\begin{cases} 5x - 8y = 45 \\ 2x + 3y = 20 \end{cases}$$

(3) 次の連立 1 次方程式を，クラーメルの公式で解け．

$$\begin{cases} 4x + 7y = 5 \\ 5x - 3y = 10 \end{cases}$$

(4) 次の連立 1 次方程式の解を，係数の文字 a, b, c, d, e, f を用いて表せ．

$$\begin{cases} ax + by = c \\ dx + ey = f \end{cases}$$

(5) 次の連立 1 次方程式には，解がないという．係数の k の値を求めよ．

$$\begin{cases} 3x - y = 2 \\ kx + 2y = 1 \end{cases}$$

第11章　3元連立1次方程式とクラーメルの公式

今度は未知数が3つある，3元連立1次方程式を考えてみよう．

11.1　3元連立1次方程式の実際問題

3元連立方程式というのは，未知の量 (数) が3つあって，関係式が普通は3つある場合である．

3つの製品 A，B，C，の売上数量がわからなくなってしまった場合を考えてみよう．カタログ表は残っているのでそれぞれの単価，単重 (1つ当たりの重さ)，単体 (1つ当たりの箱の体積)，はわかっていて次のようになっているとする．

$$\begin{array}{c} \\ 単価 \\ 単重 \\ 単体 \end{array}\begin{array}{c} \begin{array}{ccc} \text{製品 A} & \text{製品 }B & \text{製品 C} \end{array} \\ \begin{pmatrix} 5_{万円/台} & 3_{万円/台} & 2_{万円/台} \\ 8_{\mathrm{kg}/台} & 4_{\mathrm{kg}/台} & 5_{\mathrm{kg}/台} \\ 2_{\mathrm{m}^3/台} & 1_{\mathrm{m}^3/台} & 2_{\mathrm{m}^3/台} \end{pmatrix} \end{array} \tag{11.1}$$

ここでさらに，総売上高が73万円，総重量が122 kg，総体積が35 m^3 であることはわかっているとする．

このような状況で，製品 A，B，C の売上台数を知りたいというのである．

そこで，わからない製品 A，B，C の売上台数をそれぞれ x 台，y 台，z 台として関係式で表してみる．総売上高が73万円，総重量が122 kg，総体積が35 m^3 であることから，次の式が得られる．

$$\begin{cases} 5x + 3y + 2z = 73 \\ 8x + 4y + 5z = 122 \\ 2x + y + 2z = 35 \end{cases} \tag{11.2}$$

これからこの方程式を解いて x，y，z を求めようというわけである．

2元の連立方程式のときにははじめに数値例で解き，あとで文字係数の一般形で解いてクラーメルの公式を導きだした．3元の場合も基本的には同じなので，いきなり文字係数の一般形から解いてみよう．

11.2　3元連立方程式の一般形とクラーメルの公式

一般の文字係数の3元連立1次方程式は次のように表せる．

$$\begin{cases} a_1x + b_1y + c_1z = d_1 \\ a_2x + b_2y + c_2z = d_2 \\ a_3x + b_3y + c_3z = d_3 \end{cases} \tag{11.3}$$

この連立方程式は 2 元のときと同じように次のように解いていけばよい．

はじめに，y と z を消去するために，右から $\begin{pmatrix} b_1 \\ b_2 \\ b_3 \end{pmatrix} \wedge \begin{pmatrix} c_1 \\ c_2 \\ c_3 \end{pmatrix}$ をかけて交代積を作る．

$$\left\{ x \begin{pmatrix} a_1 \\ a_2 \\ a_3 \end{pmatrix} + y \begin{pmatrix} b_1 \\ b_2 \\ b_3 \end{pmatrix} + z \begin{pmatrix} c_1 \\ c_2 \\ c_3 \end{pmatrix} \right\} \wedge \begin{pmatrix} b_1 \\ b_2 \\ b_3 \end{pmatrix} \wedge \begin{pmatrix} c_1 \\ c_2 \\ c_3 \end{pmatrix} = \begin{pmatrix} d_1 \\ d_2 \\ d_3 \end{pmatrix} \wedge \begin{pmatrix} b_1 \\ b_2 \\ b_3 \end{pmatrix} \wedge \begin{pmatrix} c_1 \\ c_2 \\ c_3 \end{pmatrix} \tag{11.4}$$

分配法則を使ってばらばらにする．

$$\begin{aligned} & x \begin{pmatrix} a_1 \\ a_2 \\ a_3 \end{pmatrix} \wedge \begin{pmatrix} b_1 \\ b_2 \\ b_3 \end{pmatrix} \wedge \begin{pmatrix} c_1 \\ c_2 \\ c_3 \end{pmatrix} + y \begin{pmatrix} b_1 \\ b_2 \\ b_3 \end{pmatrix} \wedge \begin{pmatrix} b_1 \\ b_2 \\ b_3 \end{pmatrix} \wedge \begin{pmatrix} c_1 \\ c_2 \\ c_3 \end{pmatrix} \\ & + z \begin{pmatrix} c_1 \\ c_2 \\ c_3 \end{pmatrix} \wedge \begin{pmatrix} b_1 \\ b_2 \\ b_3 \end{pmatrix} \wedge \begin{pmatrix} c_1 \\ c_2 \\ c_3 \end{pmatrix} = \begin{pmatrix} d_1 \\ d_2 \\ d_3 \end{pmatrix} \wedge \begin{pmatrix} b_1 \\ b_2 \\ b_3 \end{pmatrix} \wedge \begin{pmatrix} c_1 \\ c_2 \\ c_3 \end{pmatrix} \end{aligned} \tag{11.5}$$

同じベクトルの交代積は 0 であることを使うと次のようになる．

$$x \begin{pmatrix} a_1 \\ a_2 \\ a_3 \end{pmatrix} \wedge \begin{pmatrix} b_1 \\ b_2 \\ b_3 \end{pmatrix} \wedge \begin{pmatrix} c_1 \\ c_2 \\ c_3 \end{pmatrix} = \begin{pmatrix} d_1 \\ d_2 \\ d_3 \end{pmatrix} \wedge \begin{pmatrix} b_1 \\ b_2 \\ b_3 \end{pmatrix} \wedge \begin{pmatrix} c_1 \\ c_2 \\ c_3 \end{pmatrix} \tag{11.6}$$

x は次のように表せる．最後は行列式で表しておく．

$$x = \frac{\begin{pmatrix} d_1 \\ d_2 \\ d_3 \end{pmatrix} \wedge \begin{pmatrix} b_1 \\ b_2 \\ b_3 \end{pmatrix} \wedge \begin{pmatrix} c_1 \\ c_2 \\ c_3 \end{pmatrix}}{\begin{pmatrix} a_1 \\ a_2 \\ a_3 \end{pmatrix} \wedge \begin{pmatrix} b_1 \\ b_2 \\ b_3 \end{pmatrix} \wedge \begin{pmatrix} c_1 \\ c_2 \\ c_3 \end{pmatrix}} = \frac{\begin{vmatrix} d_1 & b_1 & c_1 \\ d_2 & b_2 & c_2 \\ d_3 & b_3 & c_3 \end{vmatrix}}{\begin{vmatrix} a_1 & b_1 & c_1 \\ a_2 & b_2 & c_2 \\ a_3 & b_3 & c_3 \end{vmatrix}} \tag{11.7}$$

y を求めるには x と z の係数を消去したいので，$\begin{pmatrix} a_1 \\ a_2 \\ a_3 \end{pmatrix}$ を左からかけ，$\begin{pmatrix} c_1 \\ c_2 \\ c_3 \end{pmatrix}$ を右からかけた交代積を作る．

$$\begin{aligned} & \begin{pmatrix} a_1 \\ a_2 \\ a_3 \end{pmatrix} \wedge \left\{ x \begin{pmatrix} a_1 \\ a_2 \\ a_3 \end{pmatrix} + y \begin{pmatrix} b_1 \\ b_2 \\ b_3 \end{pmatrix} + z \begin{pmatrix} c_1 \\ c_2 \\ c_3 \end{pmatrix} \right\} \wedge \begin{pmatrix} c_1 \\ c_2 \\ c_3 \end{pmatrix} \\ & = \begin{pmatrix} a_1 \\ a_2 \\ a_3 \end{pmatrix} \wedge \begin{pmatrix} d_1 \\ d_2 \\ d_3 \end{pmatrix} \wedge \begin{pmatrix} c_1 \\ c_2 \\ c_3 \end{pmatrix} \end{aligned} \tag{11.8}$$

交代積の分配法則を使って展開する．

$$x\begin{pmatrix}a_1\\a_2\\a_3\end{pmatrix}\wedge\begin{pmatrix}a_1\\a_2\\a_3\end{pmatrix}\wedge\begin{pmatrix}c_1\\c_2\\c_3\end{pmatrix}+y\begin{pmatrix}a_1\\a_2\\a_3\end{pmatrix}\wedge\begin{pmatrix}b_1\\b_2\\b_3\end{pmatrix}\wedge\begin{pmatrix}c_1\\c_2\\c_3\end{pmatrix}$$
$$+z\begin{pmatrix}a_1\\a_2\\a_3\end{pmatrix}\wedge\begin{pmatrix}c_1\\c_2\\c_3\end{pmatrix}\wedge\begin{pmatrix}c_1\\c_2\\c_3\end{pmatrix}=\begin{pmatrix}a_1\\a_2\\a_3\end{pmatrix}\wedge\begin{pmatrix}d_1\\d_2\\d_3\end{pmatrix}\wedge\begin{pmatrix}c_1\\c_2\\c_3\end{pmatrix} \tag{11.9}$$

ここで，同じ物の交代積は 0 であることから次のように変形できる．

$$y\begin{pmatrix}a_1\\a_2\\a_3\end{pmatrix}\wedge\begin{pmatrix}b_1\\b_2\\b_3\end{pmatrix}\wedge\begin{pmatrix}c_1\\c_2\\c_3\end{pmatrix}=\begin{pmatrix}a_1\\a_2\\a_3\end{pmatrix}\wedge\begin{pmatrix}d_1\\d_2\\d_3\end{pmatrix}\wedge\begin{pmatrix}c_1\\c_2\\c_3\end{pmatrix} \tag{11.10}$$

これから y は次のように求められる．最後は行列式で表しておく．

$$y=\frac{\begin{pmatrix}a_1\\a_2\\a_3\end{pmatrix}\wedge\begin{pmatrix}d_1\\d_2\\d_3\end{pmatrix}\wedge\begin{pmatrix}c_1\\c_2\\c_3\end{pmatrix}}{\begin{pmatrix}a_1\\a_2\\a_3\end{pmatrix}\wedge\begin{pmatrix}b_1\\b_2\\b_3\end{pmatrix}\wedge\begin{pmatrix}c_1\\c_2\\c_3\end{pmatrix}}=\frac{\begin{vmatrix}a_1&d_1&c_1\\a_2&d_2&c_2\\a_3&d_3&c_3\end{vmatrix}}{\begin{vmatrix}a_1&b_1&c_1\\a_2&b_2&c_2\\a_3&b_3&c_3\end{vmatrix}} \tag{11.11}$$

z も同様に求められる．

x，y，z をまとめると次のようになるが，この公式を，**3 元連立 1 次方程式のクラーメルの公式**という．

$$x=\frac{\begin{vmatrix}d_1&b_1&c_1\\d_2&b_2&c_2\\d_3&b_3&c_3\end{vmatrix}}{\begin{vmatrix}a_1&b_1&c_1\\a_2&b_2&c_2\\a_3&b_3&c_3\end{vmatrix}},\quad y=\frac{\begin{vmatrix}a_1&d_1&c_1\\a_2&d_2&c_2\\a_3&d_3&c_3\end{vmatrix}}{\begin{vmatrix}a_1&b_1&c_1\\a_2&b_2&c_2\\a_3&b_3&c_3\end{vmatrix}},\quad z=\frac{\begin{vmatrix}a_1&b_1&d_1\\a_2&b_2&d_2\\a_3&d_3&c_3\end{vmatrix}}{\begin{vmatrix}a_1&b_1&c_1\\a_2&b_2&c_2\\a_3&b_3&c_3\end{vmatrix}} \tag{11.12}$$

クラーメルの公式は，分母である係数の行列式の値が 0 でないときにただ 1 組定まることを意味している．

$$\begin{vmatrix}a_1&b_1&c_1\\a_2&b_2&c_2\\a_3&b_3&c_3\end{vmatrix}\neq 0 \tag{11.13}$$

[例題 **1**]

この章のはじめに出てきた次の連立 1 次方程式を，クラーメルの公式で解いてみよう．

$$\begin{cases} 5x+3y+2z=73 \\ 8x+4y+5z=122 \\ 2x+y+2z=35 \end{cases} \tag{11.14}$$

[解] クラーメルの公式を適用し，行列式の値を計算すれば求められる．

$$x=\frac{\begin{vmatrix} 73 & 3 & 2 \\ 122 & 4 & 5 \\ 35 & 1 & 2 \end{vmatrix}}{\begin{vmatrix} 5 & 3 & 2 \\ 8 & 4 & 5 \\ 2 & 1 & 2 \end{vmatrix}}=\frac{73\times\begin{vmatrix} 4 & 5 \\ 1 & 2 \end{vmatrix}-122\times\begin{vmatrix} 3 & 2 \\ 1 & 2 \end{vmatrix}+35\begin{vmatrix} 3 & 2 \\ 4 & 5 \end{vmatrix}}{5\times\begin{vmatrix} 4 & 5 \\ 1 & 2 \end{vmatrix}-4\times\begin{vmatrix} 3 & 2 \\ 1 & 2 \end{vmatrix}+2\times\begin{vmatrix} 3 & 2 \\ 4 & 5 \end{vmatrix}}=\frac{24}{3}=8 \tag{11.15}$$

$$y=\frac{\begin{vmatrix} 5 & 73 & 2 \\ 8 & 122 & 5 \\ 2 & 35 & 2 \end{vmatrix}}{\begin{vmatrix} 5 & 3 & 2 \\ 8 & 4 & 5 \\ 2 & 1 & 2 \end{vmatrix}}=\frac{3\times\begin{vmatrix} 122 & 5 \\ 35 & 2 \end{vmatrix}-4\times\begin{vmatrix} 73 & 2 \\ 35 & 2 \end{vmatrix}+2\begin{vmatrix} 73 & 2 \\ 122 & 5 \end{vmatrix}}{5\times\begin{vmatrix} 4 & 5 \\ 1 & 2 \end{vmatrix}-4\times\begin{vmatrix} 3 & 2 \\ 1 & 2 \end{vmatrix}+2\times\begin{vmatrix} 3 & 2 \\ 1 & 2 \end{vmatrix}}=\frac{21}{3}=7 \tag{11.16}$$

$$y=\frac{\begin{vmatrix} 5 & 3 & 73 \\ 8 & 4 & 122 \\ 2 & 1 & 35 \end{vmatrix}}{\begin{vmatrix} 5 & 3 & 2 \\ 8 & 4 & 5 \\ 2 & 1 & 2 \end{vmatrix}}=\frac{5\times\begin{vmatrix} 4 & 122 \\ 1 & 35 \end{vmatrix}-8\times\begin{vmatrix} 3 & 73 \\ 1 & 35 \end{vmatrix}+2\begin{vmatrix} 3 & 73 \\ 4 & 122 \end{vmatrix}}{5\times\begin{vmatrix} 4 & 5 \\ 1 & 2 \end{vmatrix}-4\times\begin{vmatrix} 3 & 2 \\ 1 & 2 \end{vmatrix}+2\times\begin{vmatrix} 3 & 2 \\ 1 & 2 \end{vmatrix}}=\frac{18}{3}=6 \tag{11.17}$$

第 11 章　演習問題

(1) 3 つの製品 X, Y, Z, の売上数量，x 個，y 個，z 個がわからなくなってしまった．カタログ表でわかるそれぞれの単価，単重 (1 つ当たりの重さ)，単体 (1 つ当たりの箱の体積) は次のようになっている．

$$\begin{matrix} & \text{製品 X} & \text{製品 Y} & \text{製品 Z} \\ \begin{matrix}\text{単価}\\ \text{単重}\\ \text{単体}\end{matrix} & \multicolumn{3}{l}{\begin{pmatrix} 4_{(\text{万円}/\text{台})} & 6_{(\text{万円}/\text{台})} & 8_{(\text{万円}/\text{台})} \\ 2_{(\text{kg}/\text{台})} & 3_{(\text{kg}/\text{台})} & 4_{(\text{kg}/\text{台})} \\ 3_{(\text{m}^3/\text{台})} & 2_{(\text{m}^3/\text{台})} & 1_{(\text{m}^3/\text{台})} \end{pmatrix}} \end{matrix}$$

ここでさらに，総売上高が 68 万円，総重量が 34 kg，総体積が 26 m^3 であることはわかっているとする．

3 つの製品 X, Y, Z, の売上数量，x 個，y 個，z 個を求めよ．

(2) 次の 3 元連立 1 次方程式を，クラーメルの公式を用いて解け．

$$\begin{cases} 5x - 7y + z = 9 \\ 2x + 4y - 8z = 6 \\ x + 3y + 5z = -2 \end{cases}, \quad \begin{cases} 13x - 24y = 21 \\ 12x - 8z = 26 \\ x + 5y + 3z = -9 \end{cases}$$

(3) 係数に文字 a, b が含まれている．次の 3 元連立 1 次方程式の解がただ 1 つ定まるための，a, b の関係を求めよ．

$$\begin{cases} x - y + az = 0 \\ 2x + by - 2z = 3 \\ x + 2y + 3z = -2 \end{cases}$$

(4) 係数に文字 a が含まれている次の 3 元連立 1 次方程式の解が 2 つ以上あるという．a の値を求めよ．

$$\begin{cases} 2x - y + az = 1 \\ 3x + 4y - 2z = 3 \\ x + 3y - 3z = 2 \end{cases}$$

第12章　3元連立1次方程式とガウスの消去法

3元連立1次方程式を解くためのクラーメルの公式は，解が方程式の係数を用いて行列式の形で表されるという素晴らしい公式である．解が係数で表現されていることになっている．

中学校や高等学校で学んだように，その場その場でいろいろ工夫する必要がなく，行列式で表して後は行列式の値を求める計算をするだけという「すぐれもの」である．

ただ一点困ったことには，クラーメルの公式は連立方程式の解がただ1組に定まる場合しか使えないのである．クラーメルの公式の分母に来る係数の行列式の値が0の場合は役に立たないわけである．

この点を解決してくれるのが今回学ぶ方法の，ガウスの消去法である．

12.1　ガウスの消去法

次の連立1次方程式を解くことを考えてみよう．

$$\begin{cases} x+2y-z=4 \\ -x+3y+2z=15 \\ 2x-y+3z=13 \end{cases} \tag{12.1}$$

連立方程式の解を求めるというのは，$x=\boxed{a}$, $y=\boxed{b}$, $z=\boxed{c}$ と表すことである．
ここで，元の方程式と比較するために次のように表してみよう．

$$\begin{cases} x+2y-z=2\cdots ① \\ -x+3y+2z=4\cdots ② \\ 2x-y+3z=4\cdots ③ \end{cases} \Longrightarrow \begin{cases} 1x+0y+0z=2\cdots ① \\ 0x+1y+0z=4\cdots ② \\ 0x+0y+1z=4\cdots ③ \end{cases} \tag{12.2}$$

左の連立方程式を右のように変形するのに，次のような手順で変形していこうというのである．

$$\begin{cases} x+2y-z=2\cdots ① \\ -x+3y+2z=4\cdots ② \\ 2x-y+3z=4\cdots ③ \end{cases} \Longrightarrow \begin{cases} 1x+2y-z=2\cdots ① \\ 0x+?y+?z=?\cdots ② \\ 0x+?y+?z=?\cdots ③ \end{cases}$$

$$\Longrightarrow \begin{cases} 1x+?y+?z=?\cdots ① \\ 0x+1y+?z=?\cdots ② \\ 0x+?y+?z=?\cdots ③ \end{cases} \Longrightarrow \begin{cases} 1x+0y+?z=?\cdots ① \\ 0x+1y+?z=?\cdots ② \\ 0x+0y+?z=?\cdots ③ \end{cases}$$

$$\Longrightarrow \begin{cases} 1x+0y+?z=?\cdots ① \\ 0x+1y+?z=?\cdots ② \\ 0x+0y+1z=?\cdots ③ \end{cases} \Longrightarrow \begin{cases} 1x+0y+0z=?\cdots ① \\ 0x+1y+0z=?\cdots ② \\ 0x+0y+1z=?\cdots ③ \end{cases} \tag{12.3}$$

このような変形の方針としては，左上から右下への対角線の x, y, z の係数を 1 に変形し，それを何倍かして他の行に加えることで可能になるのである．

上の矢印の上に，具体的な変形の方式を記入していこう．

$$\begin{cases} x+2y-z=4\cdots & \text{①} \\ -x+3y+2z=15\cdots & \text{②} \\ 2x-y+3z=13\cdots & \text{③} \end{cases} \overset{\substack{\text{②}+\text{①} \\ \text{③}+\text{①}\times(-2)}}{\Longrightarrow} \begin{cases} 1x+2y-z=4\cdots & \text{①} \\ 0x+5y+1z=19\cdots & \text{②} \\ 0x-5y+5z=5\cdots & \text{③} \end{cases}$$

$$\overset{\text{②}\times\frac{1}{5}}{\Longrightarrow} \begin{cases} 1x+2y-z=4\cdots & \text{①} \\ 0x+1y+\frac{1}{5}z=\frac{19}{5}\cdots & \text{②} \\ 0x-5y+5z=5\cdots & \text{③} \end{cases} \overset{\substack{\text{①}+\text{②}\times(-2) \\ \text{③}+\text{②}\times 5}}{\Longrightarrow} \begin{cases} 1x+0y-\frac{7}{5}z=-\frac{18}{5}\cdots & \text{①} \\ 0x+1y+\frac{1}{5}z=\frac{19}{5}\cdots & \text{②} \\ 0x+0y+6z=24\cdots & \text{③} \end{cases}$$

$$\overset{\text{③}\times\frac{1}{6}}{\Longrightarrow} \begin{cases} 1x+0y-\frac{7}{5}z=-\frac{18}{5}\cdots & \text{①} \\ 0x+1y+\frac{1}{5}z=\frac{19}{5}\cdots & \text{②} \\ 0x+0y+1z=4\cdots & \text{③} \end{cases} \overset{\substack{\text{①}+\text{③}\times\frac{7}{5} \\ \text{②}+\text{③}\times(-\frac{1}{5})}}{\Longrightarrow} \begin{cases} 1x+0y+0z=2\cdots & \text{①} \\ 0x+1y+0z=3\cdots & \text{②} \\ 0x+0y+1z=4\cdots & \text{③} \end{cases} \tag{12.4}$$

この結果，解が次のようにわかったことになる．

$$x=2, \quad y=3, \quad z=4 \tag{12.5}$$

以上のような解き方を，**ガウスの消去法**という．ガウスは人の名前で，ヨハン・カール・フリードリッヒ・ガウス (Johann Carl Friedrich Gauss) (1777-1855) のこと．19 世紀最大の数学者の 1 人で，天文学者，物理学者としても有名．彼の名前の付いた，「ガウスの…」という定理は多数ある．

[**例題 1**]

次の連立 1 次方程式を，ガウスの消去法で解け．

$$\begin{cases} x+2y+z=2 \\ x+4y+3z=2 \\ -x+y+7z=3 \end{cases} \tag{12.6}$$

[**解**]

$$\begin{cases} 1x+2y+1z=2\cdots & \text{①} \\ 1x+4y+3z=2\cdots & \text{②} \\ -1x+1y+7z=3\cdots & \text{③} \end{cases} \overset{\substack{\text{②}+\text{①}\times(-1) \\ \text{③}+\text{①}\times 1}}{\Longrightarrow} \begin{cases} 1x+2y+1z=2\cdots & \text{①} \\ 0x+2y+2z=0\cdots & \text{②} \\ 0x+3y+8z=5\cdots & \text{③} \end{cases}$$

$$\overset{\text{②}\times\frac{1}{2}}{\Longrightarrow} \begin{cases} 1x+2y+1z=2\cdots & \text{①} \\ 0x+1y+1z=0\cdots & \text{②} \\ 0x+3y+8z=5\cdots & \text{③} \end{cases} \overset{\substack{\text{①}+\text{②}\times(-2) \\ \text{③}+\text{②}\times(-3)}}{\Longrightarrow} \begin{cases} 1x+0y-1z=2\cdots & \text{①} \\ 0x+1y+1z=0\cdots & \text{②} \\ 0x+0y+5z=5\cdots & \text{③} \end{cases}$$

$$\overset{③\times\frac{1}{5}}{\Longrightarrow}\begin{cases}1x+0y-\frac{7}{5}z=-\frac{18}{5}\cdots ①\\ 0x+1y-1z=0\cdots \quad ②\\ 0x+0y+1z=1\cdots \quad ③\end{cases}\quad \overset{\substack{①+③\times 1\\ ②+③\times(-1)}}{\Longrightarrow}\begin{cases}1x+0y+0z=3\cdots \quad ①\\ 0x+1y+0z=-1\cdots ②\\ 0x+0y+1z=1\cdots \quad ③\end{cases} \tag{12.7}$$

この結果，解が次のようにわかったことになる．

$$x=3,\quad y=-1,\quad z=1 \tag{12.8}$$

12.2 行列の基本変形

ガウスの消去法による連立 1 次方程式を解いている間，x, y, z は変化せずにいて，本当に変化しているのは係数の数字だけである．

そこで，係数だけを集めた行列での変形と考えてみることにしょう．

$$\begin{pmatrix}1&2&1&2\\1&4&3&2\\-1&1&7&3\end{pmatrix}\Rightarrow\begin{pmatrix}1&2&1&2\\0&?&?&?\\0&?&?&?\end{pmatrix}\Rightarrow\begin{pmatrix}1&2&1&2\\0&1&?&?\\0&?&?&?\end{pmatrix}$$
$$\Rightarrow\begin{pmatrix}1&0&?&?\\0&1&?&?\\0&?&?&?\end{pmatrix}\Rightarrow\begin{pmatrix}1&0&?&?\\0&1&?&?\\0&0&?&?\end{pmatrix}\Rightarrow\begin{pmatrix}1&0&?&?\\0&1&?&?\\0&0&1&?\end{pmatrix}$$
$$\Rightarrow\begin{pmatrix}1&0&0&?\\0&1&0&?\\0&0&1&?\end{pmatrix} \tag{12.9}$$

連立方程式の場合，2 つの行を入れ替えても解に変化はないので，行列の方でも行の交換を加え，次の操作を行列の基本変形という．

(1) 2 つの行を入れ替える．

(2) ある行に 0 でないある数をかける．

(3) ある行に他の行の何倍かを加える．

行列はどんどん変化していくが，対応する連立 1 次方程式の解は変化がない．

そこで，連立 1 次方程式を解く場合に，係数の行列だけを変形して左側が単位行列になるように変形してできた 4 列目が解になるというわけである．

このような，行列の基本変形を用いて，はじめの連立 1 次方程式を解いてみよう．

$$\begin{pmatrix}1&2&-1&4\\-1&3&2&15\\2&-1&3&13\end{pmatrix}\overset{\substack{②+①\\ ③+①\times(-2)}}{\Longrightarrow}\begin{pmatrix}1&2&-1&4\\0&5&1&19\\0&-5&5&5\end{pmatrix}$$

$$\overset{②\times\frac{1}{5}}{\Longrightarrow}\begin{pmatrix}1&2&-1&4\\0&1&\frac{1}{5}&\frac{19}{5}\\0&-5&5&5\end{pmatrix}\overset{\substack{①+②\times(-2)\\ ③+②\times 5}}{\Longrightarrow}\begin{pmatrix}1&0&-\frac{7}{5}&-\frac{18}{5}\\0&1&\frac{1}{5}&\frac{19}{5}\\0&0&6&24\end{pmatrix}$$

$$\overset{③\times\frac{1}{6}}{\Longrightarrow} \begin{pmatrix} 1 & 0 & -\frac{7}{5} & -\frac{18}{5} \\ 0 & 1 & \frac{1}{5} & \frac{19}{5} \\ 0 & 0 & 1 & 4 \end{pmatrix} \overset{\substack{①+③\times\frac{7}{5} \\ ②+③\times(-\frac{1}{5})}}{\Longrightarrow} \begin{pmatrix} 1 & 0 & 0 & 2 \\ 0 & 1 & 0 & 3 \\ 0 & 0 & 1 & 4 \end{pmatrix} \tag{12.10}$$

[**例題 1**]

次の連立 1 次方程式を，行列の基本変形を用いて解け．

$$\begin{cases} x + 2y = 4 \\ -2x + y = -3 \end{cases} \tag{12.11}$$

[**解**]

$$\begin{pmatrix} 1 & 2 & 4 \\ -2 & 1 & -3 \end{pmatrix} \overset{②+①\times 2}{\Longrightarrow} \begin{pmatrix} 1 & 2 & 4 \\ 0 & 5 & 5 \end{pmatrix}$$

$$\overset{②\times\frac{1}{5}}{\Longrightarrow} \begin{pmatrix} 1 & 2 & 4 \\ 0 & 1 & 1 \end{pmatrix} \overset{①+②\times(-2)}{\Longrightarrow} \begin{pmatrix} 1 & 0 & 2 \\ 0 & 1 & 1 \end{pmatrix} \tag{12.12}$$

$$x = 2, \quad y = 1 \tag{12.13}$$

第 12 章　演習問題

(1) 次の連立 1 次方程式を，ガウスの消去法で解け．

$$\begin{cases} x - 3y = -16 \\ 2x + y = 17 \end{cases}$$

(2) 次の連立 1 次方程式を，ガウスの消去法で解け．

$$\begin{cases} x - 2y + 3z = 16 \\ -3x + y + z = -3 \\ 2x + 3y - 2z = -7 \end{cases}$$

(3) 次の連立 1 次方程式を，行列の基本変形を用いて解け．

$$\begin{cases} x + 2y + 8z = 7 \\ -4x + y + z = -12 \\ 3x + 5y + 3z = 2 \end{cases}$$

(4) 次のような係数が等しい 2 つの連立 1 次方程式を，下のような 1 個の行列の基本変形を用いて同時に解け.

$$\begin{cases} x-2y+3z=0 \\ 2x+y-z=11 \\ -3x-y+2z=-13 \end{cases}, \qquad \begin{cases} x-2y+3z=1 \\ 2x+y-z=7 \\ -3x-y+2z=-10 \end{cases}$$

$$\begin{pmatrix} 1 & -2 & 3 & 0 & 1 \\ 2 & 1 & -1 & 11 & 7 \\ -3 & -1 & 2 & -13 & -10 \end{pmatrix}$$

第13章　不定解・不能解の連立1次方程式

$0x = 2$ という方程式には解はなかった．つまり，x にどのような値を入れてもこの式は成り立たない．

また，$0x = 0$ という方程式には解は無数にある．つまり，x にどのような数を入れても成り立ってしまう．無数に解があるということは解が定まらないともいえる．

このような事態は連立方程式でも起きてくる．今回はそのような連立方程式を扱う．いずれも，クラーメルの公式が使えない場合である．ガウスの消去法はここでも活躍してくれるのである．

13.1　自由度1の不定の解

次の連立1次方程式をガウスの消去法を用いて解いてみよう．

$$\begin{cases} x - 2y + 3z = -4 \\ -2x + y - z = -1 \\ -x - y + 2z = -5 \end{cases} \tag{13.1}$$

$$\begin{cases} x - 2y + 3z = -4 \cdots ① \\ -2x + y - z = -1 \cdots ② \\ -x - y + 2z = -5 \cdots ③ \end{cases} \overset{\substack{② + ① \times 2 \\ ③ + ① \times 1}}{\Longrightarrow} \begin{cases} 1x - 2y + 3z = -4 \cdots ① \\ 0x - 3y + 5z = -9 \cdots ② \\ 0x - 3y + 5z = -9 \cdots ③ \end{cases}$$

$$\overset{② \times -\frac{1}{3}}{\Longrightarrow} \begin{cases} 1x - 2y + 3z = -4 \cdots ① \\ 0x + 1y - \frac{5}{3}z = 3 \cdots ② \\ 0x - 3y + 5z = -9 \cdots ③ \end{cases} \overset{\substack{① + ② \times 2 \\ ③ + ② \times 3}}{\Longrightarrow} \begin{cases} 1x + 0y - \frac{1}{3}z = 2 \cdots ① \\ 0x + 1y - \frac{5}{3}z = 3 \cdots ② \\ 0x + 0y + 0z = 0 \cdots ③ \end{cases} \tag{13.2}$$

ここで，今までなら3行目にある数をかけて3行目の z の係数を1にするところであるが，0にどのような数をかけても1にはできない．

よく見てみると，3行目の式は x, y, z にどのような数を入れても成り立っていて，なんらの制約条件にはなっていないことがわかる．

連立方程式というのは，①，②，③のすべてを同時にみたす x, y, z を探すことであった．③は何らの制約条件になっていないわけであるから，①，②をみたす x, y, z を探せばよいことがわかる．①，②を変形してみれば次のようになる．

$$\begin{cases} x = \frac{1}{3}z + 2 \\ y = \frac{5}{3}z + 3 \end{cases} \tag{13.3}$$

z の値を1つ決めると，x と y は上の式から値が定まってくることがわかる．z の値を定める条件がないので，z はどんな数でもよいことになる．このことから，連立方程式の解は次のように表せることになる．

$$\begin{cases} x = \frac{1}{3}t + 2 \\ y = \frac{5}{3}t + 3 \\ z = t \qquad (t\text{ は任意の数}) \end{cases} \tag{13.4}$$

ここで，x, y, z の中で自由な値がとれるのは z ただ 1 つだけである．このような方程式を，**自由度 1 の不定の解**という．

13.2　自由度 2, 3 の不定の解

今度は次のような連立 1 次方程式を考えてみよう．

$$\begin{cases} x - 2y + 3z = 2 \\ -x + 2y - 3z = -2 \\ 2x - 4y + 6z = 6 \end{cases} \tag{13.5}$$

ガウスの消去法によると次のように変形できる．

$$\begin{cases} x - 2y + 3z = 2 \cdots & ① \\ -x + 2y - 3z = -2 \cdots & ② \\ 2x - 4y + 6z = 6 \cdots & ③ \end{cases} \quad \overset{\substack{② + ① \times 1 \\ ③ + ① \times (-2)}}{\Longrightarrow} \quad \begin{cases} 1x - 2y + 3z = 2 \cdots ① \\ 0x + 0y + 0z = 0 \cdots ② \\ 0x + 0y + 0z = 0 \cdots ③ \end{cases} \tag{13.6}$$

2 番目と 3 番目の式は x, y, z の値の制限にはなっていないから，1 番目の式をみたしさえすれば解になる．そこで，次のように表せる．

$$\begin{cases} x = 2t - 3s + 2 \\ y = t \qquad (t\text{ は任意}) \\ z = s \qquad (s\text{ は任意}) \end{cases} \tag{13.7}$$

自由に選んでよい値が 2 つあるので，このような方程式は，**自由度 2 の不定の解**を持っているといわれる．

自由度 3 の不定の解というのはあるのだろうか．x も y も z も自由に選んでよいという連立方程式は次のように，係数がすべて 0 の方程式である．

$$\begin{cases} 0x + 0y + 0z = 0 \\ 0x + 0y + 0z = 0 \\ 0x + 0y + 0z = 0 \end{cases} \tag{13.8}$$

解は次のようになる．

$$\begin{cases} x = t \qquad (t\text{ は任意}) \\ y = s \qquad (s\text{ は任意}) \\ z = u \qquad (u\text{ は任意}) \end{cases} \tag{13.9}$$

13.3 不能の方程式

未知数が 1 つしかない方程式の場合で，$0x = 2$ という場合，x にどのような数を入れても成り立たない．方程式の解としては存在しないということになる．このような場合にこの方程式は不能であるという．このような事態は連立方程式でも起こってくるのである．

次の連立 1 次方程式をガウスの消去法で変形してみよう．

$$\begin{cases} x - 3y + z = -1 \\ -2x + y + 4z = 3 \\ -x - 2y + 5z = 1 \end{cases} \tag{13.10}$$

$$\begin{cases} x - 3y + z = -1 \cdots ① \\ -2x + y + 4z = 3 \cdots ② \\ -x - 2y + 5z = 1 \cdots ③ \end{cases} \overset{\substack{② + ① \times 2 \\ ③ + ① \times 1}}{\Longrightarrow} \begin{cases} 1x - 3y + z = -1 \cdots ① \\ 0x - 5y + 6z = 1 \cdots ② \\ 0x - 5y + 6z = 0 \cdots ③ \end{cases}$$

$$\overset{② \times -\frac{1}{5}}{\Longrightarrow} \begin{cases} 1x - 3y + z = -1 \cdots ① \\ 0x + 1y - \frac{6}{5}z = -\frac{1}{5} \cdots ② \\ 0x - 5y + 6z = 0 \cdots ③ \end{cases} \overset{\substack{① + ② \times 3 \\ ③ + ② \times 5}}{\Longrightarrow} \begin{cases} 1x + 0y - \frac{13}{5}z = -\frac{8}{5} \cdots ① \\ 0x + 1y - \frac{6}{5}z = -\frac{1}{5} \cdots ② \\ 0x + 0y + 0z = -1 \cdots ③ \end{cases} \tag{13.11}$$

ここで 3 番目の式，$0x + 0y + 0z = -1$ をみてみると，x, y, z にどのような値を入れても成り立たないことがわかる．連立方程式であるから，3 つすべての式をみたさなければならない．1 つでもみたされなければ連立方程式には解がないということになってしまう．

このような場合に，この連立方程式は不能であると呼ぶ．

[**例題 1**]

次の連立 1 次方程式を解け．

$$\begin{cases} x + 3y - 2z = -1 \\ 4x - y + z = -3 \\ 3x - 4y + 3z = -2 \end{cases} \tag{13.12}$$

[**解**]

$$\begin{cases} x + 3y - 2z = -1 \cdots ① \\ 4x - y + z = -3 \cdots ② \\ 3x - 4y + 3z = -2 \cdots ③ \end{cases} \overset{\substack{② + ① \times (-4) \\ ③ + ① \times (-3)}}{\Longrightarrow} \begin{cases} x + 3y - 2z = -1 \cdots ① \\ 0x - 13y + 9z = 1 \cdots ② \\ 0x - 13y + 9z = 1 \cdots ③ \end{cases}$$

$$\overset{② \times -\frac{1}{13}}{\Longrightarrow} \begin{cases} x + 3y - 2z = -1 \cdots ① \\ 0x + 1y - \frac{9}{13}z = -\frac{1}{13} \cdots ② \\ 0x + 1y - \frac{9}{13}z = -\frac{1}{13} \cdots ③ \end{cases} \overset{\substack{① + ② \times (-3) \\ ③ + ② \times (-1)}}{\Longrightarrow} \begin{cases} 1x + 0y + \frac{1}{13}z = -\frac{10}{13} \cdots ① \\ 0x + 1y - \frac{9}{13}z = -\frac{1}{13} \cdots ② \\ 0x + 0y + 0z = 0 \cdots ③ \end{cases} \tag{13.13}$$

①，②を変形してみれば次のようになる．

$$\begin{cases} x = -\frac{1}{13}z - \frac{10}{13} \\ y = \frac{9}{13}z - \frac{1}{13} \end{cases} \tag{13.14}$$

このことから，連立方程式の解は次のように表せることになる．

$$\begin{cases} x = -\frac{1}{13}t - \frac{10}{13} \\ y = \frac{9}{13}t - \frac{1}{13} \\ z = t \qquad (t \text{ は任意の数}) \end{cases} \tag{13.15}$$

第13章　演習問題

(1) 次の連立 1 次方程式を解け．

$$\begin{cases} x + 5y + 2z = 22 \\ 3x - y + 2z = 3 \\ 4x + 4y + 3z = 25 \end{cases}$$

(2) 次の連立 1 次方程式を解け．

$$\begin{cases} x - 3y + 5z = 3 \\ -x + 3y - 5z = -3 \\ 2x - 6y + 10z = 6 \end{cases}$$

(3) 次の連立 1 次方程式を解け．

$$\begin{cases} x - 2y + 4z = 3 \\ -2x + y + 3z = 2 \\ -x - y + 7z = 1 \end{cases}$$

(4) 次の連立 1 次方程式には解がないということがわかっている．定数 k についてどのようなことがわかるか．

$$\begin{cases} x - 2y + 4z = 3 \\ -2x + y + 3z = 2 \\ -x - y + 7z = k \end{cases}$$

第 I 部のまとめの問題

(1) 2 次元，3 次元，4 次元，5 次元の多次元量の例を 1 つずつあげよ．

(2) 次のベクトル $\boldsymbol{a}$ と，ベクトル $\boldsymbol{b}$ について，$\mathbf{3}\boldsymbol{a}+\mathbf{2}\boldsymbol{b}$ と，ベクトル $\mathbf{2}\boldsymbol{a}-\boldsymbol{b}$ を平面上に図示せよ．

$$\boldsymbol{a}=\begin{pmatrix}1\\2\end{pmatrix},\quad \boldsymbol{b}=\begin{pmatrix}-2\\4\end{pmatrix}$$

(3) 次のようなベクトル $\boldsymbol{a}$，$\boldsymbol{b}$ がある．

$$\boldsymbol{a}=\begin{pmatrix}2\\1\\-4\end{pmatrix},\quad \boldsymbol{b}=\begin{pmatrix}-1\\0\\-2\end{pmatrix}$$

このとき，次の内積を求めよ．

(a) $\boldsymbol{a}\cdot\boldsymbol{b}$,　(b) $\boldsymbol{a}\cdot\boldsymbol{a}$,　(c) $(\boldsymbol{a}+\boldsymbol{b})\cdot(\boldsymbol{a}+\boldsymbol{b})$

(d) $(\boldsymbol{a}-\boldsymbol{b})\cdot(\boldsymbol{a}-\boldsymbol{b})$,　(e) $(\boldsymbol{a}+\boldsymbol{b})\cdot(\boldsymbol{a}-\boldsymbol{b})$

(4) 2 点 A，B で定まるベクトル $\boldsymbol{a}=\overrightarrow{\mathrm{OA}}=\begin{pmatrix}-1\\2\end{pmatrix}$，とベクトル $\boldsymbol{b}=\overrightarrow{\mathrm{OB}}=\begin{pmatrix}2\\4\end{pmatrix}$ に対して，ベクトル $0.6\boldsymbol{a}+0.4\boldsymbol{b}$ を図示せよ．

(5) 次の行列の積を求めよ．

(a) $\begin{pmatrix}2&5&7&8\\0&-1&-2&8\\7&1&-1&-1\end{pmatrix}\times\begin{pmatrix}2&4\\3&-2\\2&3\\1&6\end{pmatrix}$,　(b) $\begin{pmatrix}-2&1&-3&5\end{pmatrix}\times\begin{pmatrix}3\\0\\9\\0\end{pmatrix}$

(c) $\begin{pmatrix}3&2&5\\-2&-3&3\\8&-2&7\end{pmatrix}\times\begin{pmatrix}-3\\3\\-4\end{pmatrix}$,　(d) $\begin{pmatrix}2\\1\\5\end{pmatrix}\times\begin{pmatrix}3&-4&9&3\end{pmatrix}$

(6) 線形変換 $\boldsymbol{y}=f(\boldsymbol{x})$ があり，$f(\boldsymbol{a})=\begin{pmatrix}3\\9\end{pmatrix}$，$f(\boldsymbol{b})=\begin{pmatrix}-2\\4\end{pmatrix}$ となっている．線形性を活用して，$f(2\boldsymbol{a}-3\boldsymbol{b})$ を求めよ．

(7) 図のような図形 F を，以下の線形変換で写した図形を描け．

(a) $\begin{pmatrix}y_1\\y_2\end{pmatrix}=\begin{pmatrix}4&-2\\1&3\end{pmatrix}\begin{pmatrix}x_1\\x_2\end{pmatrix}$,　(b) $\begin{pmatrix}y_1\\y_2\end{pmatrix}=\begin{pmatrix}3&0\\0&4\end{pmatrix}\begin{pmatrix}x_1\\x_2\end{pmatrix}$

(c) $\begin{pmatrix}y_1\\y_2\end{pmatrix}=\begin{pmatrix}-1&0\\0&-1\end{pmatrix}\begin{pmatrix}x_1\\x_2\end{pmatrix}$,　(d) $\begin{pmatrix}y_1\\y_2\end{pmatrix}=\begin{pmatrix}1&0\\0&-1\end{pmatrix}\begin{pmatrix}x_1\\x_2\end{pmatrix}$

(e) $\begin{pmatrix}y_1\\y_2\end{pmatrix}=\begin{pmatrix}-1&0\\0&-1\end{pmatrix}\begin{pmatrix}x_1\\x_2\end{pmatrix}$,　(f) $\begin{pmatrix}y_1\\y_2\end{pmatrix}=\begin{pmatrix}0.8&0\\0&0.8\end{pmatrix}\begin{pmatrix}x_1\\x_2\end{pmatrix}$

(g) $\begin{pmatrix}y_1\\y_2\end{pmatrix}=\begin{pmatrix}\cos 60^\circ&-\sin 60^\circ\\\sin 60^\circ&\cos 60^\circ\end{pmatrix}$

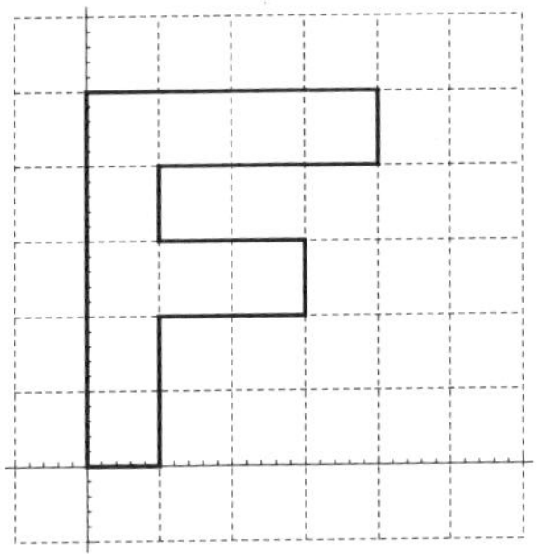

(8) 線形変換

$$\begin{pmatrix} y_1 \\ y_2 \end{pmatrix} = \begin{pmatrix} 2 & 3 \\ -2 & 5 \end{pmatrix} \begin{pmatrix} x_1 \\ x_2 \end{pmatrix}$$

によって，面積 4 の図形が変換されたとき，変換された図形の面積はいくらになるか.

(9) 次の行列式の値を，それぞれ 2 つの方法で求めよ.

(a) $\begin{vmatrix} 4 & 2 & -3 \\ -1 & 5 & 4 \\ 2 & -2 & 4 \end{vmatrix}$，(b) $\begin{vmatrix} -3 & -2 & 8 \\ 2 & -2 & 6 \\ 2 & -1 & -2 \end{vmatrix}$

(10) 次の連立 1 次方程式を，クラーメルの公式で解け.

$$\begin{cases} 2x - 5y = 4 \\ 4x - 5y = 7 \end{cases}$$

(11) 次の 3 元連立 1 次方程式を，クラーメルの公式を用いて解け.

(a) $\begin{cases} 4x - 6y + 3z = 1 \\ -2x + 3y + 5z = 6 \\ -x + 3y + 6z = 8 \end{cases}$，(b) $\begin{cases} 3x - 4y = -1 \\ 2x - 7z = 8 \\ x + 4y + 2z = 9 \end{cases}$

(12) 次の連立 1 次方程式を，行列の基本変形を用いて解け.

$$\begin{cases} x - 2y + 6z = 5 \\ -3x + y + z = -1 \\ 2x + 3y - 3z = 2 \end{cases}$$

(13) 次の連立 1 次方程式を解け.

$$\begin{cases} x - 2y + 3z = 4 \\ -2x + y + 3z = 3 \\ -x - y + 6z = 7 \end{cases}$$

(14) 次の行列式を展開したとき，$a_{31}a_{12}a_{43}a_{24}$ につく符号はプラスのマイナスどちらか.

$$\begin{vmatrix} a_{11} & a_{12} & a_{13} & a_{14} \\ a_{21} & a_{22} & a_{23} & a_{24} \\ a_{31} & a_{32} & a_{33} & a_{n4} \\ a_{41} & a_{42} & a_{43} & a_{44} \end{vmatrix}$$

(15) 次の 4 次の行列式を，1 列目で展開して，3 次の行列式で表せ.

$$\begin{vmatrix} 3 & a_{12} & a_{13} & a_{14} \\ 4 & a_{22} & a_{23} & a_{24} \\ 7 & a_{32} & a_{33} & a_{34} \\ -4 & a_{42} & a_{43} & a_{44} \end{vmatrix}$$

第 14 章　余因子による逆行列

5 の逆数は $\dfrac{1}{5}$ である．$\dfrac{3}{5}$ の逆数は $\dfrac{5}{3}$ である．これらの例でわかるように，元の数と逆数をかけると $5 \times \dfrac{1}{5} = 1$，$\dfrac{3}{5} \times \dfrac{5}{3} = 1$ と，1 になることがわかる．

数の 1 に当たるのが行列では単位行列であるから，行列 $\boldsymbol{A}$ とその逆行列 $\boldsymbol{A}^{-1}$ をかけると $\boldsymbol{A} \times \boldsymbol{A}^{-1} = \boldsymbol{E}$ となる．このような $\boldsymbol{A}^{-1}$ を探すのがここでの目的である．

14.1　逆行列の意味

2 次元と 3 次元の単位行列 $\boldsymbol{E}$ というのは次のような行列である．

$$\boldsymbol{E} = \begin{pmatrix} 1 & 0 \\ 0 & 1 \end{pmatrix}, \quad \boldsymbol{E} = \begin{pmatrix} 1 & 0 & 0 \\ 0 & 1 & 0 \\ 0 & 0 & 1 \end{pmatrix} \tag{14.1}$$

単位行列 $\boldsymbol{E}$ に他の行列 $\boldsymbol{A}$ をかけても $\boldsymbol{A}$ と変化がない．

$$\begin{pmatrix} 1 & 0 \\ 0 & 1 \end{pmatrix} \times \begin{pmatrix} a_{11} & a_{12} \\ a_{21} & a_{22} \end{pmatrix} = \begin{pmatrix} a_{11} & a_{12} \\ a_{21} & a_{22} \end{pmatrix} \tag{14.2}$$

$$\begin{pmatrix} 1 & 0 & 0 \\ 0 & 1 & 0 \\ 0 & 0 & 1 \end{pmatrix} \times \begin{pmatrix} a_{11} & a_{12} & a_{13} \\ a_{21} & a_{22} & a_{23} \\ a_{31} & a_{32} & a_{33} \end{pmatrix} = \begin{pmatrix} a_{11} & a_{12} & a_{13} \\ a_{21} & a_{22} & a_{23} \\ a_{31} & a_{32} & a_{33} \end{pmatrix} \tag{14.3}$$

上では $\boldsymbol{A}$ に左から $\boldsymbol{E}$ をかけたが，右からかけても同様で，まとめると次の関係が成り立つ．

$$\boldsymbol{EA} = \boldsymbol{AE} = \boldsymbol{A} \tag{14.4}$$

$$\begin{pmatrix} 1 & 2 & 3 \\ 4 & 5 & 6 \\ 7 & 8 & 9 \end{pmatrix} \times \begin{pmatrix} 1 & 0 & 0 \\ 0 & 1 & 0 \\ 0 & 0 & 1 \end{pmatrix} = \begin{pmatrix} 1 & 2 & 3 \\ 4 & 5 & 6 \\ 7 & 8 & 9 \end{pmatrix} \tag{14.5}$$

行列 $\boldsymbol{E}$ は，数の 1 と同じ役割を果たすので，行列 $\boldsymbol{A}$ に対して，$\boldsymbol{AX} = \boldsymbol{XE} = \boldsymbol{E}$ となるような行列を $\boldsymbol{A}^{-1}$ と表して，行列 $\boldsymbol{A}$ の逆行列という．

$\begin{pmatrix} 1 & 3 & 6 \\ 4 & 0 & 2 \\ 4 & 7 & 9 \end{pmatrix}$ の逆行列を $\boldsymbol{A}^{-1} = \begin{pmatrix} x_1 & x_2 & x_3 \\ y_1 & y_2 & y_3 \\ z_1 & z_2 & z_3 \end{pmatrix}$ と置いてみよう．次の式が成り立つ．

$$\begin{pmatrix} 1 & 3 & 6 \\ 4 & 0 & 2 \\ 4 & 7 & 9 \end{pmatrix} \times \begin{pmatrix} x_1 & x_2 & x_3 \\ y_1 & y_2 & y_3 \\ z_1 & z_2 & z_3 \end{pmatrix} = \begin{pmatrix} 1 & 0 & 0 \\ 0 & 1 & 0 \\ 0 & 0 & 1 \end{pmatrix} \tag{14.6}$$

この式から次のような 3 つの連立方程式が得られる．

$$\begin{cases} 1x_1 + 3y_1 + 6z_1 = 1 \\ 4x_1 + 0y_1 + 2z_1 = 0 \\ 4x_1 + 7y_1 + 9z_1 = 0 \end{cases} \tag{14.7}$$

$$\begin{cases} 1x_2 + 3y_2 + 6z_2 = 0 \\ 4x_2 + 0y_2 + 2z_2 = 1 \\ 4x_2 + 7y_2 + 9z_2 = 0 \end{cases} \tag{14.8}$$

$$\begin{cases} 1x_3 + 3y_3 + 6z_3 = 0 \\ 4x_3 + 0y_3 + 2z_3 = 0 \\ 4x_3 + 7y_3 + 9z_3 = 1 \end{cases} \tag{14.9}$$

14.2 逆行列を求めるクラーメルの方法

これら 3 つの連立 1 次方程式の解をクラーメルの公式で表すと次のようになる．ただし，3 つの連立方程式の係数はすべて同じなので，係数の行列を $\boldsymbol{A}$ で表すと便利である．

$$\boldsymbol{A} = \begin{pmatrix} 1 & 3 & 6 \\ 4 & 0 & 2 \\ 4 & 7 & 9 \end{pmatrix} \tag{14.10}$$

$$x_1 = \frac{\begin{vmatrix} 1 & 3 & 6 \\ 0 & 0 & 2 \\ 0 & 7 & 9 \end{vmatrix}}{|\boldsymbol{A}|} = \frac{1 \times \begin{vmatrix} 0 & 2 \\ 7 & 9 \end{vmatrix}}{|\boldsymbol{A}|} \tag{14.11}$$

ここで分子の行列式の計算をしてしまうと，一般的な規則性が見えなくなってしまう．

分子の行列式は，はじめの行列 A の 1 行目と 1 列目を除いた部分の小さな行列式であることから，それを，$\boldsymbol{A}_{11}$ と表すことにすると，x_1 は次のように表せる．

$$x_1 = \frac{|\boldsymbol{A}_{11}|}{|\boldsymbol{A}|}$$

今度は y_1 を調べてみよう．

$$y_1 = \frac{\begin{vmatrix} 1 & 1 & 6 \\ 4 & 0 & 2 \\ 4 & 0 & 9 \end{vmatrix}}{|\boldsymbol{A}|} = \frac{-\begin{vmatrix} 1 & 1 & 6 \\ 0 & 4 & 2 \\ 0 & 4 & 9 \end{vmatrix}}{|\boldsymbol{A}|} = \frac{-1 \times \begin{vmatrix} 4 & 2 \\ 4 & 9 \end{vmatrix}}{|\boldsymbol{A}|} = \frac{-|\boldsymbol{A}_{12}|}{|\boldsymbol{A}|} \tag{14.12}$$

今度は z_1 を調べてみよう．

$$z_1 = \frac{\begin{vmatrix} 1 & 3 & 1 \\ 4 & 0 & 0 \\ 4 & 7 & 0 \end{vmatrix}}{|\boldsymbol{A}|} = \frac{(-)^2 \begin{vmatrix} 1 & 1 & 3 \\ 0 & 4 & 0 \\ 0 & 4 & 7 \end{vmatrix}}{|\boldsymbol{A}|} = \frac{(-1)^2 \times \begin{vmatrix} 4 & 0 \\ 4 & 7 \end{vmatrix}}{|\boldsymbol{A}|} = \frac{|\boldsymbol{A}_{13}|}{|\boldsymbol{A}|} \tag{14.13}$$

同様にして，x_2, y_2, z_2, x_3, y_3, z_3 についても次のようになることがわかる．

$$\begin{aligned} x_2 &= \frac{-|\boldsymbol{A}_{21}|}{|\boldsymbol{A}|}, \qquad x_3 = \frac{|\boldsymbol{A}_{31}|}{|\boldsymbol{A}|} \\ y_2 &= \frac{|\boldsymbol{A}_{22}|}{|\boldsymbol{A}|}, \qquad y_3 = \frac{-|\boldsymbol{A}_{32}|}{|\boldsymbol{A}|} \\ z_2 &= \frac{-|\boldsymbol{A}_{23}|}{|\boldsymbol{A}|}, \qquad z_3 = \frac{|\boldsymbol{A}_{33}|}{|\boldsymbol{A}|} \end{aligned} \tag{14.14}$$

以上の結果をまとめると，逆行列は次のように表せる．

$$\begin{aligned} \boldsymbol{A}^{-1} &= \begin{pmatrix} x_1 & x_2 & x_3 \\ y_1 & y_2 & y_3 \\ z_1 & z_2 & z_3 \end{pmatrix} = \begin{pmatrix} \frac{|\boldsymbol{A}_{11}|}{|\boldsymbol{A}|} & \frac{-|\boldsymbol{A}_{21}|}{|\boldsymbol{A}|} & \frac{|\boldsymbol{A}_{31}|}{|\boldsymbol{A}|} \\ \frac{-|\boldsymbol{A}_{12}|}{|\boldsymbol{A}|} & \frac{|\boldsymbol{A}_{22}|}{|\boldsymbol{A}|} & \frac{-|\boldsymbol{A}_{32}|}{|\boldsymbol{A}|} \\ \frac{|\boldsymbol{A}_{13}|}{|\boldsymbol{A}|} & \frac{-|\boldsymbol{A}_{23}|}{|\boldsymbol{A}|} & \frac{|\boldsymbol{A}_{33}|}{|\boldsymbol{A}|} \end{pmatrix} \\ &= \frac{1}{|\boldsymbol{A}|} \begin{pmatrix} |\boldsymbol{A}_{11}| & -|\boldsymbol{A}_{21}| & |\boldsymbol{A}_{31}| \\ -|\boldsymbol{A}_{12}| & |\boldsymbol{A}_{22}| & -|\boldsymbol{A}_{32}| \\ |\boldsymbol{A}_{13}| & -|\boldsymbol{A}_{23}| & |\boldsymbol{A}_{33}| \end{pmatrix} \end{aligned} \tag{14.15}$$

$\boldsymbol{A}_{ij}$ は，2 行 2 列の小さな行列なので小行列といい，$|\boldsymbol{A}_{ij}|$ は小行列式という．

上の逆行列の式において小行列式の前に付くプラスマイナスの符号は交互に並んでいるのであるが，「小行列の行と列の番号の和が偶数のときはプラス，奇数のときはマイナス」となっている．このことから，$|\boldsymbol{A}_{ij}|$ の前に付く符号は，$(-1)^{i+j}$ と表せる．

14.3 余因子による逆行列の公式

ここで，符号まで付けた小行列式を次のように表して，余因子と呼ぶ．

$$\Delta_{ij} = (-1)^{i+j}|\boldsymbol{A}_{ij}| \tag{14.16}$$

この記号を使うと，逆行列の式は次のように見やすく整理される．

$$\boldsymbol{A}^{-1} = \frac{1}{|\boldsymbol{A}|} \begin{pmatrix} \Delta_{11} & \Delta_{21} & \Delta_{31} \\ \Delta_{12} & \Delta_{22} & \Delta_{32} \\ \Delta_{13} & \Delta_{23} & \Delta_{33} \end{pmatrix} \tag{14.17}$$

ただし，$|\boldsymbol{A}| \neq 0$ の場合に限る．$|\boldsymbol{A}| = 0$ の場合には逆行列は存在しない．0 の逆数がないのと同じことである．

いったんこの公式が得られると，後は機械的に $\boldsymbol{A}$ の逆行列 $\boldsymbol{A}^{-1}$ が次の手順で計算できることになる．

(1) 行列式 $|\boldsymbol{A}|$ の値を求める．

(2) i 行目と j 列目を除いた小行列 $\boldsymbol{A}_{ij}$ を確認して，その行列式 $|\boldsymbol{A}_{ij}|$ をすべて求める．(3 行 3 列の場合は 9 個ある)

(3) すべての余因子 Δ_{ij} を求める．

(4) 逆行列の公式に配置する．

最後に Δ_{ij} を配置する場所に注意が必要である．今までの行列の行と列の番号が反対の順序になっている．「逆行列だから行と列の番号が逆」と，形式的に覚えてもいいのだが間違わないようにしょう．

これまでは3行3列の行列についての逆行列について考えてきたが，この公式は4行4列でも同じように成り立つ．2行2列の場合は次のようになる．

$$\boldsymbol{A}^{-1}=\frac{1}{|\boldsymbol{A}|}\begin{pmatrix}|\boldsymbol{A}_{11}| & -|\boldsymbol{A}_{21}| \\ -|\boldsymbol{A}_{12}| & |\boldsymbol{A}_{22}|\end{pmatrix} \tag{14.18}$$

$\boldsymbol{A}=\begin{pmatrix}a & b \\ c & d\end{pmatrix}$ の場合，逆行列は次のようになる．

$$\boldsymbol{A}^{-1}=\frac{1}{ad-bc}\begin{pmatrix}d & -b \\ -c & a\end{pmatrix} \tag{14.19}$$

a と d は交換し，b と c はプラスマイナスを反対にする．2行2列の行列の逆行列を求めたいときは，この公式を使うのが便利である．

第14章　演習問題

(1) 次の行列 $\boldsymbol{A}$ の逆行列 $\boldsymbol{A}^{-1}$ を求めよ．

$$\boldsymbol{A}=\begin{pmatrix}3 & 8 & -2 \\ -4 & 7 & 0 \\ 9 & -3 & 1\end{pmatrix}$$

(2) 次の行列 $\boldsymbol{A}$ の逆行列 $\boldsymbol{A}^{-1}$ を求めよ．

$$\boldsymbol{A}=\begin{pmatrix}-2 & 0 & 3 \\ 7 & -4 & 5 \\ -6 & 3 & -1\end{pmatrix}$$

(3) 次の行列 $\boldsymbol{A}$ の逆行列 $\boldsymbol{A}^{-1}$ を求めよ．

$$\boldsymbol{A}=\begin{pmatrix}3 & 0 & 0 \\ 0 & 4 & 0 \\ 0 & 0 & 5\end{pmatrix}$$

(4) 次の行列 $\boldsymbol{A}$ の逆行列 $\boldsymbol{A}^{-1}$ を求めよ．

$$\boldsymbol{A}=\begin{pmatrix}2 & 5 \\ 3 & 7\end{pmatrix}$$

(5) 次の行列 $\boldsymbol{A}$ の逆行列 $\boldsymbol{A}^{-1}$ を求めよ．

$$\boldsymbol{A}=\begin{pmatrix}3 & 8 & -2 \\ -4 & 7 & 0 \\ 9 & -3 & 1\end{pmatrix}$$

第 15 章　行列の基本変形による逆行列

15.1　行列の逆行列と基本変形

行列 $\boldsymbol{A} = \begin{pmatrix} a_{11} & a_{12} & a_{13} \\ a_{21} & a_{22} & a_{23} \\ a_{31} & a_{32} & a_{33} \end{pmatrix}$ の逆行列を $\boldsymbol{A}^{-1} = \begin{pmatrix} x_1 & x_2 & x_3 \\ y_1 & y_2 & y_3 \\ z_1 & z_2 & z_3 \end{pmatrix}$ と置くと，次の式が成り立つ．

$$\begin{pmatrix} a_{11} & a_{12} & a_{13} \\ a_{21} & a_{22} & a_{23} \\ a_{31} & a_{32} & a_{33} \end{pmatrix} \times \begin{pmatrix} x_1 & x_2 & x_3 \\ y_1 & y_2 & y_3 \\ z_1 & z_2 & z_3 \end{pmatrix} = \begin{pmatrix} 1 & 0 & 0 \\ 0 & 1 & 0 \\ 0 & 0 & 1 \end{pmatrix} \tag{15.1}$$

かけ算をしてまとめると，次のように 3 つの連立 1 次方程式が得られる．

$$\begin{cases} a_{11}x_1 + a_{12}y_1 + a_{13}z_1 = 1 \\ a_{21}x_1 + a_{22}y_1 + a_{23}z_1 = 0 \\ a_{31}x_1 + a_{32}y_1 + a_{33}z_1 = 0 \end{cases} \tag{15.2}$$

$$\begin{cases} a_{11}x_2 + a_{12}y_2 + a_{13}z_2 = 0 \\ a_{21}x_2 + a_{22}y_2 + a_{23}z_2 = 1 \\ a_{31}x_2 + a_{32}y_2 + a_{33}z_2 = 0 \end{cases} \tag{15.3}$$

$$\begin{cases} a_{11}x_3 + a_{12}y_3 + a_{13}z_3 = 1 \\ a_{21}x_3 + a_{22}y_3 + a_{23}z_3 = 0 \\ a_{31}x_3 + a_{32}y_3 + a_{33}z_3 = 1 \end{cases} \tag{15.4}$$

3 つの連立方程式を解くのに，前回はクラーメルの公式を使った．今度は，行列の基本変形を使ってみよう．

「ある行にある数をかける」という操作と，「ある行に他の行の何倍かを足す」という操作を使って，係数の行列を単位行列に変形する方法が「行列の基本変形」であった．

$$\begin{pmatrix} a_{11} & a_{12} & a_{13} & 1 \\ a_{21} & a_{22} & a_{23} & 0 \\ a_{31} & a_{32} & a_{33} & 0 \end{pmatrix} \Longrightarrow \begin{pmatrix} 1 & 0 & 0 & x_1 \\ 0 & 1 & 0 & y_1 \\ 0 & 0 & 1 & z_1 \end{pmatrix} \tag{15.5}$$

$$\begin{pmatrix} a_{11} & a_{12} & a_{13} & 0 \\ a_{21} & a_{22} & a_{23} & 1 \\ a_{31} & a_{32} & a_{33} & 0 \end{pmatrix} \Longrightarrow \begin{pmatrix} 1 & 0 & 0 & x_2 \\ 0 & 1 & 0 & y_2 \\ 0 & 0 & 1 & z_2 \end{pmatrix} \tag{15.6}$$

$$\begin{pmatrix} a_{11} & a_{12} & a_{13} & 0 \\ a_{21} & a_{22} & a_{23} & 0 \\ a_{31} & a_{32} & a_{33} & 1 \end{pmatrix} \Longrightarrow \begin{pmatrix} 1 & 0 & 0 & x_3 \\ 0 & 1 & 0 & y_3 \\ 0 & 0 & 1 & z_3 \end{pmatrix} \tag{15.7}$$

ところで，上のような行列の基本変形の途中経過は，係数の 9 個の数値 a_{ij} がすべて同じであることから，基本変形の変形の仕方は同じであることがわかる．そうすると 3 つの変形を 3 回する代わりに，1 回で次のように変形することが考えられる．3 つの連立方程式を一遍に解いているわけである．

$$\begin{pmatrix} a_{11} & a_{12} & a_{13} & 1 & 0 & 0 \\ a_{21} & a_{22} & a_{23} & 0 & 1 & 0 \\ a_{31} & a_{32} & a_{33} & 0 & 0 & 1 \end{pmatrix} \Longrightarrow \begin{pmatrix} 1 & 0 & 0 & x_1 & x_2 & x_3 \\ 0 & 1 & 0 & y_1 & y_2 & y_3 \\ 0 & 0 & 0 & z_1 & z_2 & z_3 \end{pmatrix} \tag{15.8}$$

左にある元の行列を行列の基本変形で単位行列に変形していくにつれて，単位行列が基本変形された結果が逆行列になっていることがわかる．

具体例で上の方法を使って逆行列を求めてみよう．

[**例題 1**]

次の行列 $\boldsymbol{A}$ の逆行列 $\boldsymbol{A}^{-1}$ を，行列の基本変形により求めよ．

$$\boldsymbol{A} = \begin{pmatrix} 1 & 2 & -1 \\ -1 & 3 & 2 \\ 2 & -1 & 3 \end{pmatrix} \tag{15.9}$$

[**解**] 行列 A の右側に単位行列を付け加えて基本変形をしていく．

$$\begin{pmatrix} 1 & 2 & -1 & 1 & 0 & 0 \\ -1 & 3 & 2 & 0 & 1 & 0 \\ 2 & -1 & 3 & 0 & 0 & 1 \end{pmatrix} \begin{matrix} \cdots ① \\ \cdots ② \\ \cdots ③ \end{matrix} \quad \overset{\substack{② + ① \\ ③ + ① \times (-2)}}{\Longrightarrow} \begin{pmatrix} 1 & 2 & -1 & 1 & 0 & 0 \\ 0 & 5 & 1 & 1 & 1 & 0 \\ 0 & -5 & 5 & -2 & 0 & 1 \end{pmatrix}$$

$$\overset{② \times \frac{1}{5}}{\Longrightarrow} \begin{pmatrix} 1 & 2 & -1 & 1 & 0 & 0 \\ 0 & 1 & \frac{1}{5} & \frac{1}{5} & \frac{1}{5} & 0 \\ 0 & -5 & 5 & -2 & 0 & 1 \end{pmatrix} \quad \overset{\substack{① + ② \times (-2) \\ ③ + ② \times 5}}{\Longrightarrow} \begin{pmatrix} 1 & 0 & -\frac{7}{5} & \frac{3}{5} & -\frac{2}{5} & 0 \\ 0 & 1 & \frac{1}{5} & \frac{1}{5} & \frac{1}{5} & 0 \\ 0 & 0 & 6 & -1 & 1 & 1 \end{pmatrix}$$

$$\overset{③ \times \frac{1}{6}}{\Longrightarrow} \begin{pmatrix} 1 & 0 & -\frac{7}{5} & \frac{3}{5} & -\frac{2}{5} & 0 \\ 0 & 1 & \frac{1}{5} & \frac{1}{5} & \frac{1}{5} & 0 \\ 0 & 0 & 1 & -\frac{1}{6} & \frac{1}{6} & \frac{1}{6} \end{pmatrix} \quad \overset{\substack{① + ③ \times \frac{7}{5} \\ ② + ③ \times (-\frac{1}{5})}}{\Longrightarrow} \begin{pmatrix} 1 & 0 & 0 & \frac{11}{30} & -\frac{1}{6} & \frac{7}{30} \\ 0 & 1 & 0 & \frac{7}{30} & \frac{1}{6} & -\frac{1}{30} \\ 0 & 0 & 1 & -\frac{1}{6} & \frac{1}{6} & \frac{1}{6} \end{pmatrix} \tag{15.10}$$

右側の 3 行 3 列の部分が $\boldsymbol{A}$ の逆行列になっている．

$$\boldsymbol{A}^{-1} = \begin{pmatrix} \frac{11}{30} & -\frac{1}{6} & \frac{7}{30} \\ \frac{7}{30} & \frac{1}{6} & -\frac{1}{30} \\ -\frac{1}{6} & \frac{1}{6} & \frac{1}{6} \end{pmatrix} \tag{15.11}$$

この計算結果が正しいことを検算するには，元の行列とかけて単位行列になることを確かめればよい．

$$\begin{pmatrix} 1 & 2 & -1 \\ -1 & 3 & 2 \\ 2 & -1 & 3 \end{pmatrix} \times \begin{pmatrix} \frac{11}{30} & -\frac{1}{6} & \frac{7}{30} \\ \frac{7}{30} & \frac{1}{6} & -\frac{1}{30} \\ -\frac{1}{6} & \frac{1}{6} & \frac{1}{6} \end{pmatrix} = \begin{pmatrix} 1 & 0 & 0 \\ 0 & 1 & 0 \\ 0 & 0 & 1 \end{pmatrix} \tag{15.12}$$

一般に行列のかけ算についての交換法則 $\boldsymbol{AB} = \boldsymbol{BA}$ は成り立たないが，$\boldsymbol{AA}^{-1} = \boldsymbol{E}$ となる場合にはかけ算の交換は可能で，$\boldsymbol{AA}^{-1} = \boldsymbol{A}^{-1}\boldsymbol{A} = \boldsymbol{E}$ が成り立つ．

$$\begin{pmatrix} \frac{11}{30} & -\frac{1}{6} & \frac{7}{30} \\ \frac{7}{30} & \frac{1}{6} & -\frac{1}{30} \\ -\frac{1}{6} & \frac{1}{6} & \frac{1}{6} \end{pmatrix} \times \begin{pmatrix} 1 & 2 & -1 \\ -1 & 3 & 2 \\ 2 & -1 & 3 \end{pmatrix} = \begin{pmatrix} 1 & 0 & 0 \\ 0 & 1 & 0 \\ 0 & 0 & 1 \end{pmatrix} \tag{15.13}$$

以上のような方法で逆行列を求めることを，行列の基本変形による逆行列の求め方という．この方法は何行何列の行列でも同じである．

2 行 2 列の行列についても，次のようにすればいいわけである．

$$\begin{pmatrix} a_{11} & a_{12} & 1 & 0 \\ a_{21} & a_{22} & 0 & 1 \end{pmatrix} \Longrightarrow \begin{pmatrix} 1 & 0 & x_1 & x_2 \\ 0 & 1 & y_1 & y_2 \end{pmatrix} \tag{15.14}$$

[例題 **2**]

次の行列 A の逆行列 A^{-1} を，行列の基本変形により求めよ．

$$A = \begin{pmatrix} 2 & 6 \\ 3 & 1 \end{pmatrix} \tag{15.15}$$

[解] 行列 A の右側に単位行列を付け加えて基本変形をしていく．

$$\begin{pmatrix} 2 & 6 & 1 & 0 \\ 3 & 1 & 0 & 1 \end{pmatrix} \begin{matrix} \cdots① \\ \cdots② \end{matrix} \overset{② \times \frac{1}{2}}{\Longrightarrow} \begin{pmatrix} 1 & 3 & \frac{1}{2} & 0 \\ 3 & 1 & 0 & 1 \end{pmatrix}$$

$$\overset{② + ① \times (-3)}{\Longrightarrow} \begin{pmatrix} 1 & 3 & \frac{1}{2} & 0 \\ 0 & -8 & -\frac{3}{2} & 1 \end{pmatrix} \overset{② \times (-\frac{1}{8})}{\Longrightarrow} \begin{pmatrix} 1 & 3 & \frac{1}{2} & 0 \\ 0 & 1 & \frac{3}{16} & -\frac{1}{8} \end{pmatrix}$$

$$\overset{① + ③ \times (-3)}{\Longrightarrow} \begin{pmatrix} 1 & 0 & -\frac{1}{16} & \frac{3}{8} \\ 0 & 1 & \frac{3}{16} & -\frac{1}{8} \end{pmatrix} \tag{15.16}$$

右側の 2 行 2 列の部分が $\boldsymbol{A}$ の逆行列になっている．

$$\boldsymbol{A}^{-1} = \begin{pmatrix} -\frac{1}{16} & \frac{3}{8} \\ \frac{3}{16} & -\frac{1}{8} \end{pmatrix} \tag{15.17}$$

この計算結果が正しいことを検算するには，元の行列とかけて単位行列になることを確かめればよいわけである．

$$\begin{pmatrix} -\frac{1}{16} & \frac{3}{8} \\ \frac{3}{16} & -\frac{1}{8} \end{pmatrix} \times \begin{pmatrix} 2 & 6 \\ 3 & 1 \end{pmatrix} = \begin{pmatrix} 1 & 0 \\ 0 & 1 \end{pmatrix} \tag{15.18}$$

第15章　演習問題

(1) 次の行列 A の逆行列 A^{-1} を，行列の基本変形を用いて求めよ．求められたら検算として $AA^{-1}=E$ を確かめよ．

(a) $A=\begin{pmatrix}1 & -3 & 5\\ -2 & 1 & 4\\ -4 & 0 & -1\end{pmatrix}$,　(b) $A=\begin{pmatrix}1 & 2 & -5\\ 3 & -1 & 0\\ -2 & 1 & 1\end{pmatrix}$

(2) 次の行列 A の逆行列 A^{-1} を，行列の基本変形を用いて求めよ．求められたら検算として $AA^{-1}=E$ を確かめよ．

(a) $A=\begin{pmatrix}1 & -2\\ 3 & -1\end{pmatrix}$,　(b) $A=\begin{pmatrix}2 & 6\\ -5 & 1\end{pmatrix}$

(3) 次の行列 A の逆行列 A^{-1} を，行列の基本変形を用いて求めよ．求められたら検算として $AA^{-1}=E$ を確かめよ．

$$A=\begin{pmatrix}a_{11} & a_{12}\\ a_{21} & a_{22}\end{pmatrix}$$

第16章　ベクトルの1次独立と1次従属

今までベクトルは2次元ならば座標平面を基にして考えてきた．つまり，ベクトル $(3,2)$ といえば，x 方向へ3，y 方向へ2行ったところへのベクトルであるが，x 軸と y 軸が元になっていて，基本になるベクトルは，長さが1でたがいに垂直な基本ベクトル $\boldsymbol{e_1} = (1,0)$ と $\boldsymbol{e_2} = (0,1)$ であった．これをもとにして他のベクトルは $(3,2) = 3\boldsymbol{e_1} + 2\boldsymbol{e_2}$ などと表せた．ここではこれ以外にも同様の役割を果たしてくれるベクトルの組について学ぶ．

16.1　2次元ベクトルの1次独立と1次従属

2次元平面上のベクトルである $\boldsymbol{a} = (3,2)$ と，ベクトル $\boldsymbol{b} = (2,5)$ との関係として，$\boldsymbol{b} = (2,5)$ が $\boldsymbol{a} = (3,2)$ の何倍かになるということは不可能なことである．このことは両方のベクトルを図に表してみれば明らかなことである．

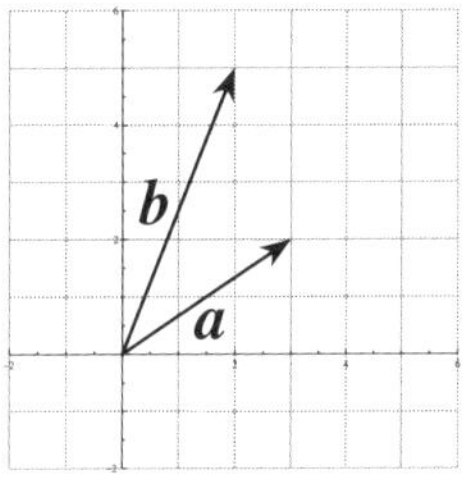

図 16.1

$\boldsymbol{a} = (3,2)$ を何倍かしたベクトルは，方向が同じで長さだけが変わるだけであるから．

ベクトル $\boldsymbol{b}$ が，ベクトル $\boldsymbol{a}$ の何倍かで表せないとき，$\boldsymbol{b}$ と $\boldsymbol{a}$ は，**1 次独立**であるという．ベクトル $\boldsymbol{b}$ が，ベクトル $\boldsymbol{a}$ の何倍かで表せるときは，$\boldsymbol{b}$ と $\boldsymbol{a}$ は，**1 次従属**であるという．

$\boldsymbol{b}$ と $\boldsymbol{a}$ が1次独立であるか，1次従属であるかは，$\boldsymbol{b}$ と $\boldsymbol{a}$ で作られる平行四辺形の面積が0でないか0に等しいかと同等の事柄である．

平行四辺形の面積は交代積で表せるから，次のようにまとめられる．

$$\boldsymbol{a}\text{と}\boldsymbol{b}\text{が1次独立} \iff \boldsymbol{a} \wedge \boldsymbol{b} \neq 0 \tag{16.1}$$

$$\boldsymbol{a}\text{と}\boldsymbol{b}\text{が1次従属} \iff \boldsymbol{a} \wedge \boldsymbol{b} = 0 \tag{16.2}$$

ベクトルを成分で表して，$\boldsymbol{b} = \begin{pmatrix} b_1 \\ b_2 \end{pmatrix}$，$\boldsymbol{a} = \begin{pmatrix} a_1 \\ a_2 \end{pmatrix}$ とし，行列式で表すと次のようになる．

$$\boldsymbol{a}\text{と}\boldsymbol{b}\text{が1次独立} \iff \begin{vmatrix} a_1 & b_1 \\ a_2 & b_2 \end{vmatrix} \neq 0 \tag{16.3}$$

$$\boldsymbol{a}\text{と}\boldsymbol{b}\text{が1次従属} \iff \begin{vmatrix} a_1 & b_1 \\ a_2 & b_2 \end{vmatrix} = 0 \tag{16.4}$$

さらに，1 次独立か従属かは，$\boldsymbol{b} = k\boldsymbol{a}$ となる k $(k \neq 0)$ があるかどうかということになる．この式を変形すると，$k\boldsymbol{a} - \boldsymbol{b} = \boldsymbol{0}$ となりうる．

この式は，$k\boldsymbol{a} + m\boldsymbol{b} = \boldsymbol{0}$ が，$k = m = 0$ 以外の値で成り立つことと言い換えられる．

1 次独立の場合には，$k\boldsymbol{a} + m\boldsymbol{b} = \boldsymbol{0}$ という式からは自動的に $k = m = 0$ という結論になってしまう．

このことを成分を用いた式で表してみよう．

$$\boldsymbol{a} \text{と} \boldsymbol{b} \text{が 1 次独立} \iff \begin{cases} ka_1 + mb_1 = 0 \\ ka_2 + mb_2 = 0 \end{cases} \text{が } k = 0, m = 0 \text{ 以外の解を持たない} \tag{16.5}$$

$$\boldsymbol{a} \text{と} \boldsymbol{b} \text{が 1 次従属} \iff \begin{cases} ka_1 + mb_1 = 0 \\ ka_2 + mb_2 = 0 \end{cases} \text{が } k = 0, m = 0 \text{ 以外の解を持つ．} \tag{16.6}$$

[例題 1]

次のベクトル $\boldsymbol{a} = \begin{pmatrix} 3 \\ 8 \end{pmatrix}$ と $\boldsymbol{b} = \begin{pmatrix} 5 \\ p \end{pmatrix}$ が 1 次従属であるためには，p の値の条件はどうあるべきか．

[解] 1 次従属であるためには

$$\begin{vmatrix} 3 & 5 \\ 8 & p \end{vmatrix} = 0 \tag{16.7}$$

が必要であるから，

$$3p - 40 = 0, \qquad p = \frac{40}{3} \tag{16.8}$$

16.2 3 次元ベクトルの 1 次独立と 1 次従属

3 次元の 3 つのベクトル $\boldsymbol{a} = \begin{pmatrix} a_1 \\ a_2 \\ a_3 \end{pmatrix}$, $\boldsymbol{b} = \begin{pmatrix} b_1 \\ b_2 \\ b_3 \end{pmatrix}$, $\boldsymbol{c} = \begin{pmatrix} c_1 \\ c_2 \\ c_3 \end{pmatrix}$ が 1 次独立であるということは，図 16.2 のように 3 次元の広がりを持っている場合である．

このとき 3 つのベクトルで作られる平行六面体の体積が 0 でないということになり，次の式

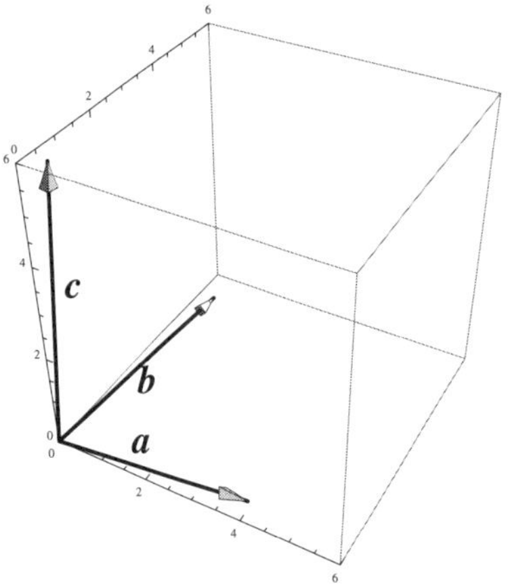

図 16.2

が成り立つ.

$$\begin{vmatrix} a_1 & b_1 & c_1 \\ a_2 & b_2 & c_2 \\ a_3 & b_3 & c_3 \end{vmatrix} \neq 0 \tag{16.9}$$

行列式の値が 0 であるときは 1 次従属となるが，3 次元の場合には従属の仕方が 2 通りある.

(1) 3 つのベクトルが 1 直線に並ぶ場合 (図 16.3)

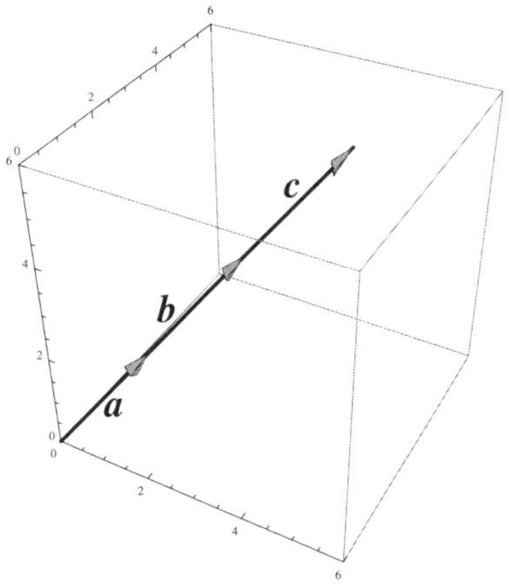

図 16.3

この場合は，$\boldsymbol{b} = k\boldsymbol{a}$, $\boldsymbol{c} = m\boldsymbol{a}$ などと 1 つのベクトルで他の 2 つのベクトルが表せる.

(2) 2 つのベクトルは独立であるが 3 つ目のベクトルは 2 つのベクトルに従属している場合 (図 16.4)

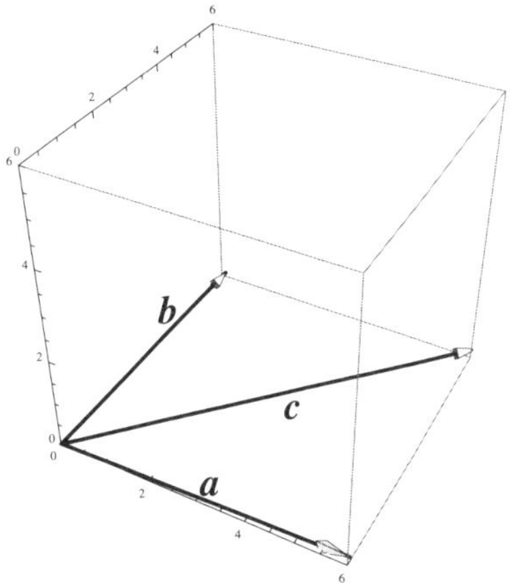

図 16.4

この場合には，$\boldsymbol{b} = k\boldsymbol{a}$ とは表せないが，$\boldsymbol{c} = k\boldsymbol{a} + l\boldsymbol{b}$，あるいは，$k\boldsymbol{a} + l\boldsymbol{b} - m\boldsymbol{c} = \boldsymbol{0}$ と表せてしまう.

(1)(2) 共通で，次の k, l, m の連立方程式が，$k = l = m = 0$ 以外の解を持つということになる.

$$\begin{cases} a_1k + b_1l + c_1m = 0 \\ a_2k + b_2l + c_2m = 0 \\ a_3k + b_3l + c_3m = 0 \end{cases} \tag{16.10}$$

この連立方程式から, $k = l = m = 0$ という解しか導かれないならば, $\boldsymbol{a} = \begin{pmatrix} a_1 \\ a_2 \\ a_3 \end{pmatrix}$, $\boldsymbol{b} = \begin{pmatrix} b_1 \\ b_2 \\ b_3 \end{pmatrix}$, $\boldsymbol{c} = \begin{pmatrix} c_1 \\ c_2 \\ c_3 \end{pmatrix}$ は 1 次独立ということになる.

[**例題 2**]

次のベクトル $\boldsymbol{a} = \begin{pmatrix} 1 \\ 3 \\ 4 \end{pmatrix}$ と $\boldsymbol{b} = \begin{pmatrix} 2 \\ 5 \\ 0 \end{pmatrix}$ と $\boldsymbol{c} = \begin{pmatrix} 4 \\ 0 \\ p \end{pmatrix}$ が 1 次従属であるためには，p の値の条件はどうあるべきか.

[**解**] 1 次従属であるためには

$$|A| = \begin{vmatrix} 1 & 3 & 4 \\ 2 & 5 & 0 \\ -1 & 0 & p \end{vmatrix} = 0 \tag{16.11}$$

が必要であるから,

$$|A| = 20 - p = 0, \quad p = 20 \tag{16.12}$$

第 16 章　演習問題

(1) 次の 2 つの 2 次元ベクトル $\boldsymbol{a}$，$\boldsymbol{b}$ は，1 次独立だろうか 1 次従属であろうか.

$$\boldsymbol{a} = \begin{pmatrix} 4 \\ 3 \end{pmatrix}, \quad \boldsymbol{b} = \begin{pmatrix} 2 \\ 1 \end{pmatrix}$$

(2) 次の 2 つの 2 次元ベクトル $\boldsymbol{a}$，$\boldsymbol{b}$ は，1 次独立であろうか 1 次従属であろうか.

$$\boldsymbol{a} = \begin{pmatrix} 3 \\ 2 \end{pmatrix}, \quad \boldsymbol{b} = \begin{pmatrix} 6 \\ 4 \end{pmatrix}$$

(3) 次の 3 つの 3 次元ベクトル $\boldsymbol{a}$，$\boldsymbol{b}$，$\boldsymbol{c}$ は，1 次独立であろうか 1 次従属であろうか.

$$\boldsymbol{a} = \begin{pmatrix} 4 \\ 3 \\ 1 \end{pmatrix}, \quad \boldsymbol{b} = \begin{pmatrix} 2 \\ 1 \\ 0 \end{pmatrix}, \quad \boldsymbol{c} = \begin{pmatrix} 6 \\ 4 \\ 1 \end{pmatrix}$$

(4) 次の 3 つの 3 次元ベクトル $\boldsymbol{a}$, $\boldsymbol{b}$, $\boldsymbol{c}$ は，1 次独立であろうか 1 次従属であろうか.

$$\boldsymbol{a} = \begin{pmatrix} 2 \\ 3 \\ -1 \end{pmatrix}, \quad \boldsymbol{b} = \begin{pmatrix} 0 \\ 2 \\ 4 \end{pmatrix}, \quad \boldsymbol{c} = \begin{pmatrix} 3 \\ 4 \\ 0 \end{pmatrix}$$

第17章　行列の階数

行列には行と列という大きな枠組みがある．しかしこれは見かけ上の枠組みに過ぎず，同じ3行3列の行列であっても実質的には2行2列の行列の役割しか果たしていない行列もある．

行列には見かけ上の次元でなく本質的な次元みたいなものがある．この概念は今まで出てきた行列の性質で考えてもいろいろなことが関連している．

ここでは今までの行列についての相互の関連を分析しながら，本当の次元の概念に行き着く過程を学ぶ．

17.1　線形変換による像の次元

行列 A の見かけ上の次元でなく，ある意味で「本当の次元」にふさわしい概念として，たとえば，3次元空間 x 空間から3次元空間 y 空間への線形変換を考えてみよう．

3次元空間の中の基本ベクトル $\boldsymbol{e_1}, \boldsymbol{e_2}, \boldsymbol{e_3}$ を，線形変換 $\boldsymbol{y} = f(\boldsymbol{x})$ に対応する行列が $\boldsymbol{y} = \boldsymbol{Ax}$ と表されているとき，$\boldsymbol{e_1}, \boldsymbol{e_2}, \boldsymbol{e_3}$ の変換された先でのベクトルである $\boldsymbol{f}(\boldsymbol{e_1}) = \boldsymbol{a}$，$\boldsymbol{f}(\boldsymbol{e_2}) = \boldsymbol{b}$，$\boldsymbol{f}(\boldsymbol{e_3}) = \boldsymbol{c}$ が何次元の物体を形づくるかで行列 A の「本当の次元」と考えようというのである．

次の4通りの場合がある．それぞれの行列の例をあげておく．

(1) すべてが原点 $(0,0,0)$ に移る場合

$$\boldsymbol{A} = \begin{pmatrix} 0 & 0 & 0 \\ 0 & 0 & 0 \\ 0 & 0 & 0 \end{pmatrix} \tag{17.1}$$

この場合，$\boldsymbol{f}(\boldsymbol{e_1}) = \boldsymbol{a} = \begin{pmatrix} 0 \\ 0 \\ 0 \end{pmatrix}$，$\boldsymbol{f}(\boldsymbol{e_2}) = \boldsymbol{b} = \begin{pmatrix} 0 \\ 0 \\ 0 \end{pmatrix}$，$\boldsymbol{f}(\boldsymbol{e_3}) = \boldsymbol{c} = \begin{pmatrix} 0 \\ 0 \\ 0 \end{pmatrix}$ となっている．

(2) 1つの直線上に移る場合

$$\boldsymbol{A} = \begin{pmatrix} 2 & -2 & 4 \\ 1 & -1 & 2 \\ 3 & -3 & 6 \end{pmatrix} \tag{17.2}$$

この場合，

$$\boldsymbol{f}(\boldsymbol{e_1}) = \boldsymbol{a} = \begin{pmatrix} 2 \\ 1 \\ 3 \end{pmatrix}, \quad \boldsymbol{f}(\boldsymbol{e_2}) = \boldsymbol{b} = \begin{pmatrix} -2 \\ -1 \\ -3 \end{pmatrix}, \quad \boldsymbol{f}(\boldsymbol{e_3}) = \boldsymbol{c} = \begin{pmatrix} 4 \\ 2 \\ 6 \end{pmatrix}$$
$$\boldsymbol{b} = -\boldsymbol{a}, \quad \boldsymbol{c} = 2\boldsymbol{a} \tag{17.3}$$

となっている．

(3) 1つの平面上に移る場合

$$\boldsymbol{A} = \begin{pmatrix} 2 & 1 & 7 \\ 1 & 0 & 2 \\ 3 & -2 & 0 \end{pmatrix} \tag{17.4}$$

この場合，

$$\boldsymbol{f}(\boldsymbol{e_1}) = \boldsymbol{a} = \begin{pmatrix} 2 \\ 1 \\ 3 \end{pmatrix}, \quad \boldsymbol{f}(\boldsymbol{e_2}) = \boldsymbol{b} = \begin{pmatrix} 1 \\ 0 \\ -2 \end{pmatrix}, \quad \boldsymbol{f}(\boldsymbol{e_3}) = \boldsymbol{c} = \begin{pmatrix} 7 \\ 2 \\ 0 \end{pmatrix}$$

$$\boldsymbol{c} = 2\boldsymbol{a} + 3\boldsymbol{b} \tag{17.5}$$

となっている．

(4) 3 次元空間に広がる場合

$$\boldsymbol{A} = \begin{pmatrix} 2 & 1 & 0 \\ 1 & 0 & 3 \\ 3 & -2 & 4 \end{pmatrix} \tag{17.6}$$

この場合，以下のようになる．

$$\boldsymbol{f}(\boldsymbol{e_1}) = \boldsymbol{a} = \begin{pmatrix} 2 \\ 1 \\ 3 \end{pmatrix}, \quad \boldsymbol{f}(\boldsymbol{e_2}) = \boldsymbol{b} = \begin{pmatrix} 1 \\ 0 \\ -2 \end{pmatrix}, \quad \boldsymbol{f}(\boldsymbol{e_3}) = \boldsymbol{c} = \begin{pmatrix} 0 \\ 3 \\ 4 \end{pmatrix} \tag{17.7}$$

となっている．

17.2　連立 1 次方程式の解の様子

行列 A を係数とする連立 1 次方程式において，解の自由度が関係している．

(1) 解が不定の解の場合，自由度が 3 の連立 1 次方程式

$$\begin{cases} 0x + 0y + 0z = 0 \\ 0x + 0y + 0z = 0 \\ 0x + 0y + 0z = 0 \end{cases} \tag{17.8}$$

の解は，$x = t$ (t は任意), $y = s$ (s は任意), $z = u$ (u は任意) となり，自由な値をとれる数が 3 であることがわかる．

(2) 解が不定の解の場合，自由度が 2 の連立 1 次方程式

$$\begin{cases} x - y + 2z = 2 \\ 3x - 3y + 6z = 6 \\ 2x - 2y + 4z = 8 \end{cases} \tag{17.9}$$

の解は，$x = t - 2s + 2$, $y = t$ (t は任意), $z = s$ (s は任意) となり，自由な値をとれる数が 2 であることがわかる．

(3) 解が不定の解の場合，自由度が 1 の連立 1 次方程式

$$
\begin{cases}
x + 2y + 3z = 8 \\
2x + y + 3z = 10 \\
-x + 2y + z = 0
\end{cases}
\tag{17.10}
$$

の解は，$x = -t + 4$, $y = -t + 2$, $z = t$ (t は任意) となり，自由な値をとれる数が 1 であることがわかる．

(4) 解がただ 1 つ定まり，自由度が 0 の連立 1 次方程式

$$
\begin{cases}
x + 3y + z = 5 \\
2x + 5y - z = 6 \\
-x + y + 2z = 2
\end{cases}
\tag{17.11}
$$

の解は，$x = 1$, $y = 1$, $z = 1$ となり，自由な値をとれる数が 0 であることがわかる．

17.3 行列の基本変形の最後の形

連立 1 次方程式の解の様子で扱った行列の場合，基本変形を行っていった最後の形が以下のように対応している．

(1) 解が不定の解の場合，自由度が 3 の連立 1 次方程式

$$
\begin{cases}
0x + 0y + 0z = 0 \\
0x + 0y + 0z = 0 \\
0x + 0y + 0z = 0
\end{cases}
\tag{17.12}
$$

の場合，行列の基本変形の結果は次のようになる．

$$
\boldsymbol{A} \to \begin{pmatrix} 0 & 0 & 0 & 0 \\ 0 & 0 & 0 & 0 \\ 0 & 0 & 0 & 0 \end{pmatrix}
\tag{17.13}
$$

(2) 解が不定の解の場合，自由度が 2 の連立 1 次方程式

$$
\begin{cases}
x - y + 2z = 2 \\
3x - 3y + 6z = 6 \\
2x - 2y + 4z = 4
\end{cases}
\tag{17.14}
$$

の場合，行列の基本変形の結果は次のようになる．

$$
\boldsymbol{A} \to \begin{pmatrix} 1 & -1 & 2 & 2 \\ 0 & 0 & 0 & 0 \\ 0 & 0 & 0 & 0 \end{pmatrix}
\tag{17.15}
$$

(3) 解が不定の解の場合，自由度が 1 の連立 1 次方程式

$$\begin{cases} x + 2y + 3z = 6 \\ -x + 3y + 2z = 4 \\ -2x + 4y + 2z = 4 \end{cases} \tag{17.16}$$

の場合，行列の基本変形の結果は次のようになる．

$$\boldsymbol{A} \to \begin{pmatrix} 1 & 0 & 1 & & 2 \\ 0 & 1 & 1 & & 2 \\ 0 & 0 & 0 & & 0 \end{pmatrix} \tag{17.17}$$

(4) 解がただ 1 つ定まり，自由度が 0 の連立 1 次方程式

$$\begin{cases} x + 3y + z = 5 \\ 2x + 5y - z = 6 \\ -x + y + 2z = 2 \end{cases} \tag{17.18}$$

の場合，行列の基本変形の結果は次のようになる．

$$\boldsymbol{A} \to \begin{pmatrix} 1 & 0 & 0 & & 1 \\ 0 & 1 & 0 & & 1 \\ 0 & 0 & 1 & & 1 \end{pmatrix} \tag{17.19}$$

17.4　1 次独立なベクトルの個数

行列 $\boldsymbol{A} = \begin{pmatrix} a_1 & b_1 & c_1 \\ a_2 & b_2 & c_2 \\ a_3 & b_3 & c_3 \end{pmatrix}$ の 3 つの縦ベクトルである，

$$\boldsymbol{a} = \begin{pmatrix} a_1 \\ a_2 \\ a_3 \end{pmatrix}, \quad \boldsymbol{b} = \begin{pmatrix} b_1 \\ b_2 \\ b_3 \end{pmatrix}, \quad \boldsymbol{c} = \begin{pmatrix} c_1 \\ c_2 \\ c_3 \end{pmatrix} \tag{17.20}$$

の中で，$\boldsymbol{0}$ 以外で独立なベクトルの個数により次に分かれる．

(1) 独立なベクトルの個数は 0 個の場合 $\boldsymbol{a} = \boldsymbol{0}$, $\boldsymbol{b} = \boldsymbol{0}$, $\boldsymbol{c} = \boldsymbol{0}$ となっている．

(2) 独立なベクトルの個数が 1 個の場合 $\boldsymbol{b} = k\boldsymbol{a}$, $\boldsymbol{c} = m\boldsymbol{a}$, $\boldsymbol{a} \neq \boldsymbol{0}$ となっている．

(3) 独立なベクトルの個数が 2 個の場合 $\boldsymbol{c} = k\boldsymbol{a} + m\boldsymbol{b}$，$\boldsymbol{a}$と$\boldsymbol{b}$ は独立となっている．

(4) 独立なベクトルの個数が 3 個の場合 $k\boldsymbol{a} + l\boldsymbol{a} + m\boldsymbol{b} = \boldsymbol{b}$ から，$k = l = m = 0$ が導かれる．

17.5　行列の階数

以上，行列をいろいろな角度から「本当の次元」のような考えを介してきた．今まで学んだことを全部まとめたことにもなっている．

それぞれ異なった概念から分析したが，結局はすべてが共通に分類されていることがわかる．

このような行列の「本当の次元」ともいえるものを，行列の階数と呼んでいる．

[1] 行列 $\boldsymbol{A}$ の階数が 0 の場合

(1) $\boldsymbol{A}$ を係数とする線形変換ですべてを原点に移す．つまり，像の次元は 0.

(2) $\boldsymbol{A}$ を係数とする連立 1 次方程式が解を持つ場合，自由度は 3.

(3) 行列の基本変形で最後の形は単位行列の部分は 0 行 0 列.

(4) 3 つの縦ベクトルの中で独立なベクトルは 0 個.

(5) 1 次の小行列式がすべて 0.

[2] 行列 $\boldsymbol{A}$ の階数が 1 の場合

(1) $\boldsymbol{A}$ を係数とする線形変換ですべてを 1 直線上に移す．つまり，像の次元は 1.

(2) $\boldsymbol{A}$ を係数とする連立 1 次方程式が解を持つ場合，自由度は 2.

(3) 行列の基本変形で最後の形は単位行列の部分は 1 行 1 列.

(4) 3 つの縦ベクトルの中で独立なベクトルは 1 個.

(5) 2 次以上の小行列式はすべて 0．1 次の行列式で 0 でないものがある.

[3] 行列 $\boldsymbol{A}$ の階数が 2 の場合

(1) $\boldsymbol{A}$ を係数とする線形変換ですべてを平面上に移す．つまり，像の次元は 2.

(2) $\boldsymbol{A}$ を係数とする連立 1 次方程式が解を持つ場合，自由度は 1.

(3) 行列の基本変形で最後の形は単位行列の部分は 2 行 2 列.

(4) 3 つの縦ベクトルの中で独立なベクトルは 2 個.

(5) 行列式の値が 0．2 次の小行列式で 0 でないものがある.

[4] 行列 $\boldsymbol{A}$ の階数が 3 の場合

(1) $\boldsymbol{A}$ を係数とする線形変換ですべてを空間の広がりに移す．つまり，像の次元は 3.

(2) $\boldsymbol{A}$ を係数とする連立 1 次方程式が解を持つ場合，自由度は 0.

(3) 行列の基本変形で最後の形は単位行列の部分は 3 行 3 列.

(4) 3 つの縦ベクトルの中で独立なベクトルは 3 個.

(5) 行列式の値が 0 でない.

第 17 章　演習問題

(1) 次の行列 A の階数はいくつか.

$$\text{(a)}\ A=\begin{pmatrix}3&7&1\\-2&7&0\\0&2&-4\end{pmatrix},\quad \text{(b)}\ A=\begin{pmatrix}3&7&10\\-2&7&5\\1&5&6\end{pmatrix},\quad \text{(c)}\ A=\begin{pmatrix}3&6&-3\\-1&-2&1\\6&12&-6\end{pmatrix}$$

(2) 次の行列 A の階数は 0 であるという．a，b，c，d の値はいくらか.

$$A=\begin{pmatrix}a&0&0\\0&b&c\\0&d&0\end{pmatrix}$$

第18章　基底の変換によるベクトルの成分変換

いままでベクトルの成分が $\boldsymbol{a} = (3, 2)$ であるベクトルというのは，$\boldsymbol{a} = 3\boldsymbol{e_1} + 2\boldsymbol{e_2}$ を意味した．つまり，x 軸と y 軸を基本の方向とし，長さが 1 のベクトル $\boldsymbol{e_1}$ と，$\boldsymbol{e_2}$ とをもとにしてきた．

しかし，他のベクトルを表すためのもとになるベクトルとして，長さが 1 で互いに直交しているベクトルでなくても，$\boldsymbol{e_1}$，$\boldsymbol{e_2}$ と同じ役割をするベクトルは選び出せるのである．

そのようなベクトルを，基底というが，基底が異なれば同じベクトルでも成分が違ってくる．ここでは，新しい基底をとったときの他のベクトルの成分がどのように変わるかを調べていく．

18.1　基底となるベクトルの条件

ベクトル $\boldsymbol{a} = (3, 2)$ と $\boldsymbol{b} = (6, 4)$ を何倍して加えても，$\boldsymbol{x} = (5, 5)$ は表せない．$\boldsymbol{a} = (3, 2)$ と $\boldsymbol{b} = (6, 4)$ が 1 次従属だからである．

1 次独立なベクトル，例えば $\boldsymbol{a} = (3, 2)$ と $\boldsymbol{b} = (1, 5)$ をもとにすれば，他のどんな 2 次元ベクトルも，$\boldsymbol{a} = (3, 2)$ と $\boldsymbol{b} = (1, 5)$ の何倍かの和で表せる．

$\boldsymbol{x} = (7, 8)$ で確かめてみよ．

$$
\begin{aligned}
\boldsymbol{x} = \begin{pmatrix} 7 \\ 8 \end{pmatrix} &= x_1\boldsymbol{a} + x_2\boldsymbol{b} \\
&= x_1\begin{pmatrix} 3 \\ 2 \end{pmatrix} + x_2\begin{pmatrix} 1 \\ 5 \end{pmatrix} = \begin{pmatrix} 3x_1 \\ 2x_1 \end{pmatrix} + \begin{pmatrix} 1x_2 \\ 5x_2 \end{pmatrix} \\
&= \begin{pmatrix} 3x_1 + 1x_2 \\ 2x_1 + 5x_2 \end{pmatrix} \qquad (18.1)
\end{aligned}
$$

$$
\begin{pmatrix} 7 \\ 8 \end{pmatrix} = \begin{pmatrix} 3x_1 + 1x_2 \\ 2x_1 + 5x_2 \end{pmatrix}, \qquad \begin{cases} 3x_1 + 1x_2 = 7 \\ 2x_1 + 5x_2 = 8 \end{cases} \qquad (18.2)
$$

$\boldsymbol{a} = (3, 2)$ と $\boldsymbol{b} = (1, 5)$ が 1 次独立で，$\begin{vmatrix} 3 & 1 \\ 2 & 5 \end{vmatrix} = 13 \neq 0$ となっているから，この連立 1 次方程式はただ 1 つの解を持っていて，クラーメルの公式から，解が求められる．

$$
x_1 = \frac{27}{13}, \qquad x_2 = \frac{10}{13} \qquad (18.3)
$$

この計算は一般に成り立つから，ベクトル $\boldsymbol{a}$ と $\boldsymbol{b}$ が 1 次独立のときには他の任意のベクトル $\boldsymbol{x}$ は，

$$
\boldsymbol{x} = x_1\boldsymbol{a} + x_2\boldsymbol{b} \qquad (18.4)
$$

と，一意的に表されることがわかる．このようなとき，$\boldsymbol{a}$ と $\boldsymbol{b}$ は，基底と呼ばれる．また，x_1 と x_2 は，$\boldsymbol{a}$ と $\boldsymbol{b}$ を基底としたときの成分と呼ばれる．基底をはっきりさせたいときには次の

ように表す.

$$\boldsymbol{x} = \begin{pmatrix} x_1 \\ x_2 \end{pmatrix}_{\{\boldsymbol{a},\boldsymbol{b}\}} \tag{18.5}$$

3 次元ベクトルについても同じように，3 つのベクトル $\boldsymbol{a}$，$\boldsymbol{b}$，$\boldsymbol{c}$ が 1 次独立のときに基底になりえて，他のベクトルはこの 3 つのベクトルの何倍かの和 (**1 次結合**という) で表せる.

$$\boldsymbol{x} = x_1\boldsymbol{a} + x_2\boldsymbol{b} + x_3\boldsymbol{c} = \begin{pmatrix} x_1 \\ x_2 \\ x_3 \end{pmatrix}_{\{\boldsymbol{a},\boldsymbol{b},\boldsymbol{c}\}} \tag{18.6}$$

18.2 基底の変換と変換を表す行列

1 次独立なベクトルならばすべて基底となりえるので，後で「都合のよい基底」を取ることが必要になる．そこで，ここでは古い基底から新しい基底を作ること，**基底の変換**について学ぶ.

2 次元の平面で考え，古い基底を $\boldsymbol{a}$ と $\boldsymbol{b}$ と置くと．新しい基底 $\boldsymbol{a'}$, $\boldsymbol{b'}$ といってもベクトルであり，古い基底の 1 次結合で表せるはずである.

$$\boldsymbol{a'} = p\boldsymbol{a} + q\boldsymbol{b} = \begin{pmatrix} p \\ q \end{pmatrix}_{\{\boldsymbol{a},\boldsymbol{b}\}}, \quad \boldsymbol{b'} = r\boldsymbol{a} + s\boldsymbol{b} = \begin{pmatrix} r \\ s \end{pmatrix}_{\{\boldsymbol{a},\boldsymbol{b}\}} \tag{18.7}$$

基底の変換に関する情報は p，q，r，s にすべて含まれているから，**基底の変換を表す行列**として，次のような行列 P を定められる.

$$P_{\{\boldsymbol{a},\boldsymbol{b}\}/\{\boldsymbol{a'},\boldsymbol{b'}\}} = \begin{pmatrix} p & r \\ q & s \end{pmatrix}_{\{\boldsymbol{a},\boldsymbol{b}\}/\{\boldsymbol{a'},\boldsymbol{b'}\}} \tag{18.8}$$

新しい基底の古い基底に関する成分が，縦ベクトルとして並んでいます.

18.3 基底の変換に伴う成分の変化

同じベクトルでも，基底が変われば成分が変わるのは当然のことだが，どのように変化するのかを調べてみよ.

まずは古い基底を $\boldsymbol{a}$ と $\boldsymbol{b}$ とし，新しい基底 $\boldsymbol{a'}$ と $\boldsymbol{b'}$ が次のように定められているとしよう.

$$\boldsymbol{a'} = p\boldsymbol{a} + q\boldsymbol{b} = \begin{pmatrix} p \\ q \end{pmatrix}_{\{\boldsymbol{a},\boldsymbol{b}\}}, \quad \boldsymbol{b'} = r\boldsymbol{a} + s\boldsymbol{b} = \begin{pmatrix} r \\ s \end{pmatrix}_{\{\boldsymbol{a},\boldsymbol{b}\}} \tag{18.9}$$

一般のベクトル $\boldsymbol{x}$ の古い基底での成分を (x, y) とし，新しい基底での成分を (x', y') とすれば，当然同じベクトルであるから次の式が成り立つ.

$$\boldsymbol{x} = \begin{pmatrix} x \\ y \end{pmatrix}_{\{\boldsymbol{a},\boldsymbol{b}\}} = \begin{pmatrix} x' \\ y' \end{pmatrix}_{\{\boldsymbol{a'},\boldsymbol{b'}\}} \tag{18.10}$$

(x, y) と (x', y') の関係を調べるために次のように展開する.

$$x\boldsymbol{a} + y\boldsymbol{b} = x'\boldsymbol{a'} + y\boldsymbol{b'}$$

$$= x'(p\boldsymbol{a} + q\boldsymbol{b}) + y'(r\boldsymbol{a} + s\boldsymbol{b})$$
$$= (x'p + y'r)\boldsymbol{a} + (x'q + y's)\boldsymbol{b} \tag{18.11}$$

あるベクトルをある基底の 1 次結合で表す方法は 1 つだけであるから，次の関係が成り立っているはずである．

$$\begin{cases} x = x'p + y'r \\ y = x'q + y's \end{cases} \tag{18.12}$$

$$\begin{pmatrix} x \\ y \end{pmatrix}_{\{\boldsymbol{a},\boldsymbol{b}\}} = \begin{pmatrix} x'p + y'r \\ x'q + y's \end{pmatrix} = \begin{pmatrix} p & r \\ q & s \end{pmatrix}_{\{\boldsymbol{a},\boldsymbol{b}\}/\{\boldsymbol{a'},\boldsymbol{b'}\}} \begin{pmatrix} x' \\ y' \end{pmatrix}_{\{\boldsymbol{a'},\boldsymbol{b'}\}} \tag{18.13}$$

この関係式は，5 m と 500 cm の関係を表した次の式の一般化といえる．

$$5_{(\mathrm{m})} = \frac{1}{100}_{(\mathrm{m/cm})} \times 500_{(\mathrm{cm})} \tag{18.14}$$

ベクトル $\boldsymbol{x}$ の古い成分 $\begin{pmatrix} x \\ y \end{pmatrix}$ は，新しい成分 $\begin{pmatrix} x' \\ y' \end{pmatrix}$ に基底の変換を表す行列 P を左からかけたものに等しいことになる．

両辺に左から p の逆行列 P^{-1} をかけると次のようになる．

$$P^{-1} \begin{pmatrix} x \\ y \end{pmatrix} = \begin{pmatrix} x' \\ y' \end{pmatrix} \tag{18.15}$$

わかりやすく次のようにまとめておくと便利である．

$$(\text{古成分}) = P(\text{新成分}), \quad (\text{新成分}) = P^{-1}(\text{古成分}) \tag{18.16}$$

[例題 **1**]

古い基底から新しい基底を次のように作った．

$$\boldsymbol{a'} = 3\boldsymbol{a} + 2\boldsymbol{b} = \begin{pmatrix} 3 \\ 2 \end{pmatrix}_{\{\boldsymbol{a},\boldsymbol{b}\}}, \quad \boldsymbol{b'} = -1\boldsymbol{a} + 4\boldsymbol{b} = \begin{pmatrix} -1 \\ 4 \end{pmatrix}_{\{\boldsymbol{a},\boldsymbol{b}\}} \tag{18.17}$$

(1) ベクトル $\boldsymbol{u} = \begin{pmatrix} 6 \\ 9 \end{pmatrix}_{\{\boldsymbol{a},\boldsymbol{b}\}}$ を，新しい基底で表せ．

(2) ベクトル $\boldsymbol{v} = \begin{pmatrix} -2 \\ 5 \end{pmatrix}_{\{\boldsymbol{a'},\boldsymbol{b'}\}}$ を，古い基底で表せ．

[解] 基底の変換を表す行列は，$P = \begin{pmatrix} 3 & -1 \\ 2 & 4 \end{pmatrix}$ であり，その逆行列は，$P^{-1} = \frac{1}{14}\begin{pmatrix} 4 & 1 \\ -2 & 3 \end{pmatrix}$ となる．

(1) (新成分) $= P^{-1}$(古成分) だから，これにあてはめると次のようになる．

$$\frac{1}{14}\begin{pmatrix} 4 & 1 \\ -2 & 3 \end{pmatrix}\begin{pmatrix} 6 \\ 9 \end{pmatrix} = \frac{1}{14}\begin{pmatrix} 15 \\ 15 \end{pmatrix} \tag{18.18}$$

(2) (1) (古成分) $= P$(新成分) だから，これにあてはめると次のようになる．

$$\begin{pmatrix} 3 & -1 \\ 2 & 4 \end{pmatrix}\begin{pmatrix} -2 \\ 5 \end{pmatrix} = \begin{pmatrix} -11 \\ 16 \end{pmatrix} \tag{18.19}$$

第18章　演習問題

(1) 古い基底を $\boldsymbol{a}$ と $\boldsymbol{b}$ とし，それから新しい基底 $\boldsymbol{a'}$ と $\boldsymbol{b'}$ を次のようにして作った．

$$\begin{cases} \boldsymbol{a'} = 5\boldsymbol{a} - 2\boldsymbol{b} \\ \boldsymbol{b'} = -3\boldsymbol{a} + 4\boldsymbol{b} \end{cases}$$

(a) 基底の変換を表す行列 P およびその逆行列 P^{-1} を求めよ．

(b) 古い基底で $\boldsymbol{x} = \begin{pmatrix} 2 \\ 0 \end{pmatrix}$ と表されているベクトルを新しい基底で表せ．

(c) 新しい基底で $\boldsymbol{x} = \begin{pmatrix} 1 \\ 4 \end{pmatrix}$ と表されているベクトルを古い基底で表せ．

(2) 古い基底を $\boldsymbol{u}$ と $\boldsymbol{v}$ とし，それから新しい基底 $\boldsymbol{u'}$ と $\boldsymbol{v'}$ を次のようにして作った．

$$\begin{cases} \boldsymbol{u'} = -3\boldsymbol{u} - 7\boldsymbol{v} \\ \boldsymbol{v'} = 5\boldsymbol{u} + 9\boldsymbol{v} \end{cases}$$

(a) 基底の変換を表す行列 P およびその逆行列 P^{-1} を求めよ．

(b) 古い基底で $\boldsymbol{x} = \begin{pmatrix} x_1 \\ x_2 \end{pmatrix}$ と表されているベクトルを新しい基底で表せ．

(c) 新しい基底で $\boldsymbol{x} = \begin{pmatrix} x'_1 \\ x'_2 \end{pmatrix}$ と表されているベクトルを古い基底で表せ．

第19章　基底の変換に伴う行列の変化

2次元ベクトルを2次元ベクトルに移す線形変換は，行列を使って，たとえば次のように表せた．

$$\begin{pmatrix} y_1 \\ y_2 \end{pmatrix} = \begin{pmatrix} 3 & 2 \\ -4 & 5 \end{pmatrix} \begin{pmatrix} x_1 \\ x_2 \end{pmatrix}$$

ここで使われているベクトルの成分は，これまでは当然のこととしてはっきり示してこなかったが，x 平面でも y 平面でも，互いに直交していて長さが1の基本ベクトルである $\boldsymbol{e_1}$ と $\boldsymbol{e_2}$ を基底にしていたのである．

基底として他のベクトルを使えることを知ったのだから，基底を変換したときに線形変換を表していた行列がどのように変わるかを調べる必要がある．

19.1　単位の変換による比例定数の変化

はじめは，身近なわかりやすい例で説明しよう．

重い太い棒があって，1 m 当たり 3 kg の重さがあるとしよう．重さが長さに比例しているとすると次のような式が成り立ちます．

$$y_{(\mathrm{kg})} = 3_{(\mathrm{kg/m})} \times x_{(\mathrm{m})} = Ax_{(\mathrm{m})} \tag{19.1}$$

ここで長さも重さも単位を変更し，cm と g で表す．

$$y'_{(\mathrm{g})} = A'_{(\mathrm{g/cm})} \times x'_{(\mathrm{cm})} \tag{19.2}$$

となる A' を求めたいわけである．

ここで，長さと重さの単位の変更は次のようになる．

$$y_{(\mathrm{kg})} = \frac{1}{1000}_{(\mathrm{kg/g})} \times y'_{(\mathrm{g})} = Qy'_{(\mathrm{g})} \tag{19.3}$$

$$x_{(\mathrm{m})} = \frac{1}{100}_{(\mathrm{m/cm})} \times x'_{(\mathrm{cm})} = Py'_{(\mathrm{cm})} \tag{19.4}$$

これらを古い比例式に代入します．

$$Qy'_{(\mathrm{g})} = \frac{1}{1000}_{(\mathrm{kg/g})} \times y'_{(\mathrm{g})} = 3_{(\mathrm{kg/m})} \times \frac{1}{100}_{(\mathrm{m/cm})} \times x'_{(\mathrm{cm})} = APx'_{(\mathrm{cm})} \tag{19.5}$$

$$y'_{(\mathrm{g})} = 1000_{(\mathrm{g/kg})} \times 3_{(\mathrm{kg/m})} \times \frac{1}{100}_{(\mathrm{m/cm})} \times x'_{(\mathrm{cm})} = Q^{-1}APx'_{(\mathrm{cm})} \tag{19.6}$$

$$y'_{(\mathrm{g})} = 30_{(\mathrm{g/cm})} \times x'_{(\mathrm{cm})} = Q^{-1}APx'_{(\mathrm{cm})} = A'_{(\mathrm{g/cm})}x'_{(\mathrm{cm})} \tag{19.7}$$

古い比例定数は $A = 3\,\mathrm{kg/m}$ であったが，新しい比例定数は $A' = 30\,\mathrm{g/cm}$ となったわけである．

19.2 x 平面，y 平面での基底の変換

単位を変えるということは基底を変えるということに他ならない．

x 平面での古い基底を $\boldsymbol{a_1}, \boldsymbol{a_2}$ とし，y 平面での古い基底を $\boldsymbol{b_1}, \boldsymbol{b_2}$ としよう．

x 平面で新しい基底 $\boldsymbol{a'_1}, \boldsymbol{a'_2}$ を次のように作った．

$$\begin{cases} \boldsymbol{a'_1} = p\boldsymbol{a_1} + q\boldsymbol{a_2} = \begin{pmatrix} p \\ q \end{pmatrix}_{\{\boldsymbol{a_1},\boldsymbol{a_2}\}} \\ \boldsymbol{a'_2} = r\boldsymbol{a_1} + s\boldsymbol{a_2} = \begin{pmatrix} r \\ s \end{pmatrix}_{\{\boldsymbol{a_1},\boldsymbol{a_2}\}} \end{cases} \tag{19.8}$$

y 平面で新しい基底 $\boldsymbol{b'_1}, \boldsymbol{b'_2}$ を次のように作った．

$$\begin{cases} \boldsymbol{b'_1} = t\boldsymbol{b_1} + u\boldsymbol{b_2} = \begin{pmatrix} t \\ u \end{pmatrix}_{\{\boldsymbol{b_1},\boldsymbol{b_2}\}} \\ \boldsymbol{b'_2} = v\boldsymbol{b_1} + w\boldsymbol{b_2} = \begin{pmatrix} v \\ w \end{pmatrix}_{\{\boldsymbol{b_1},\boldsymbol{b_2}\}} \end{cases} \tag{19.9}$$

x 平面での基底の変換を表す行列 P とその逆行列 P^{-1} は次のようになっている．

$$P = \begin{pmatrix} p & r \\ q & s \end{pmatrix}, \qquad P^{-1} = \frac{1}{ps - qr}\begin{pmatrix} s & -r \\ -q & p \end{pmatrix} \tag{19.10}$$

y 平面での基底の変換を表す行列 Q とその逆行列 Q^{-1} は次のようになる．

$$Q = \begin{pmatrix} t & v \\ u & w \end{pmatrix}, \qquad Q^{-1} = \frac{1}{tw - uv}\begin{pmatrix} w & -v \\ -u & t \end{pmatrix} \tag{19.11}$$

19.3 基底の変換と行列の変化

x 平面から y 平面へのベクトルの線形変換 $\boldsymbol{y} = f(\boldsymbol{x})$ があったとする．この変換は基底のとり方とは無関係に定まっている．$\boldsymbol{x}$ と $\boldsymbol{y}$ を成分で表すときには基底のとり方によって違ってくる．

x 平面で古い基底 $\boldsymbol{a_1}, \boldsymbol{a_2}$ をとり，y 平面で古い基底 $\boldsymbol{b_1}, \boldsymbol{b_2}$ をとったとき，次のように表されたとしよう．

$$\begin{pmatrix} y_1 \\ y_2 \end{pmatrix}_{\{\boldsymbol{b_1},\boldsymbol{b_2}\}} = \begin{pmatrix} p & r \\ q & s \end{pmatrix}_{\{\boldsymbol{b_1},\boldsymbol{b_2}\}/\{\boldsymbol{a_1},\boldsymbol{a_2}\}} \begin{pmatrix} x_1 \\ x_2 \end{pmatrix}_{\{\boldsymbol{a_1},\boldsymbol{a_2}\}} = A\begin{pmatrix} x_1 \\ x_2 \end{pmatrix}_{\{\boldsymbol{a_1},\boldsymbol{a_2}\}} \tag{19.12}$$

ここでの目標は，新しい基底で表した新しい成分ではどのような行列になるかを求めることである．つまり，以下の式中 4 つの「？」を求めるのが目的である．

$$\begin{pmatrix} y'_1 \\ y'_2 \end{pmatrix}_{\{\boldsymbol{b'_1},\boldsymbol{b'_2}\}} = \begin{pmatrix} ? & ? \\ ? & ? \end{pmatrix}_{\{\boldsymbol{b'_1},\boldsymbol{b'_2}\}/\{\boldsymbol{a'_1},\boldsymbol{a'_2}\}} \begin{pmatrix} x'_1 \\ x'_2 \end{pmatrix}_{\{\boldsymbol{a'_1},\boldsymbol{a'_2}\}} = A'\begin{pmatrix} x'_1 \\ x'_2 \end{pmatrix}_{\{\boldsymbol{a'_1},\boldsymbol{a'_2}\}} \tag{19.13}$$

そのためには，古い成分を新しい成分に置き換えていけばいいはずであるから，次の式が役に立つだろう．

$$\begin{pmatrix} y_1 \\ y_2 \end{pmatrix}_{\{\boldsymbol{b_1},\boldsymbol{b_2}\}} = Q \begin{pmatrix} y'_1 \\ y'_2 \end{pmatrix}_{\{\boldsymbol{b'_1},\boldsymbol{b'_2}\}} \tag{19.14}$$

$$\begin{pmatrix} y'_1 \\ y'_2 \end{pmatrix}_{\{\boldsymbol{b'_1},\boldsymbol{b'_2}\}} = Q^{-1} \begin{pmatrix} y_1 \\ y_2 \end{pmatrix}_{\{\boldsymbol{b_1},\boldsymbol{b_2}\}} \tag{19.15}$$

$$\begin{pmatrix} x_1 \\ x_2 \end{pmatrix}_{\{\boldsymbol{a_1},\boldsymbol{a_2}\}} = P \begin{pmatrix} x'_1 \\ x'_2 \end{pmatrix}_{\{\boldsymbol{a'_1},\boldsymbol{a'_2}\}} \tag{19.16}$$

$$\begin{pmatrix} x'_1 \\ x'_2 \end{pmatrix}_{\{\boldsymbol{a'_1},\boldsymbol{a'_2}\}} = P^{-1} \begin{pmatrix} x_1 \\ x_2 \end{pmatrix}_{\{\boldsymbol{a_1},\boldsymbol{a_2}\}} \tag{19.17}$$

1 番目と 2 番目の式を古い関係式に代入する．

$$Q \begin{pmatrix} y'_1 \\ y'_2 \end{pmatrix}_{\{\boldsymbol{b'_1},\boldsymbol{b'_2}\}} = AP \begin{pmatrix} x'_1 \\ x'_2 \end{pmatrix}_{\{\boldsymbol{a'_1},\boldsymbol{a'_2}\}} \tag{19.18}$$

次に Q^{-1} を両辺へ左からかける．

$$\begin{pmatrix} y'_1 \\ y'_2 \end{pmatrix}_{\{\boldsymbol{b'_1},\boldsymbol{b'_2}\}} = Q^{-1}AP \begin{pmatrix} x'_1 \\ x'_2 \end{pmatrix}_{\{\boldsymbol{a'_1},\boldsymbol{a'_2}\}} \tag{19.19}$$

このことから新しい基底での線形変換を表す行列 A' が次のように定まっていることがわかる．

$$A' = Q^{-1}AP \tag{19.20}$$

[例題 **1**]

2 次元 x 平面から 2 次元 y 平面への線形変換 $\boldsymbol{y} = f(\boldsymbol{x})$ がある．x 平面における基底 $\boldsymbol{a_1}$, $\boldsymbol{a_2}$ と，y 平面における基底 $\boldsymbol{b_1}$, $\boldsymbol{b_2}$ とを用いて成分表示すると，この線形変換は次のようになっている．

$$\begin{pmatrix} y_1 \\ y_2 \end{pmatrix}_{\{\boldsymbol{b_1},\boldsymbol{b_2}\}} = \begin{pmatrix} -2 & 3 \\ 4 & 5 \end{pmatrix}_{\{\boldsymbol{b_1},\boldsymbol{b_2}\}/\{\boldsymbol{a_1},\boldsymbol{a_2}\}} \begin{pmatrix} x_1 \\ x_2 \end{pmatrix}_{\{\boldsymbol{a_1},\boldsymbol{a_2}\}} = A \begin{pmatrix} x_1 \\ x_2 \end{pmatrix}_{\{\boldsymbol{a_1},\boldsymbol{a_2}\}} \tag{19.21}$$

いま，x 平面における新しい基底 $\boldsymbol{a'_1}$, $\boldsymbol{a'_2}$ と，y 平面における新しい基底 $\boldsymbol{b'_1}$, $\boldsymbol{b'_2}$ とを次のように作った．

$$\begin{cases} \boldsymbol{a'_1} = 6\boldsymbol{a_1} + 2\boldsymbol{a_2} = \begin{pmatrix} 6 \\ 2 \end{pmatrix}_{\{\boldsymbol{a_1},\boldsymbol{a_2}\}} \\ \boldsymbol{a'_2} = -3\boldsymbol{a_1} + 9\boldsymbol{a_2} = \begin{pmatrix} -3 \\ 9 \end{pmatrix}_{\{\boldsymbol{a_1},\boldsymbol{a_2}\}} \end{cases} \tag{19.22}$$

$$\begin{cases} \boldsymbol{b}_1' = 2\boldsymbol{b}_1 + 4\boldsymbol{b}_2 = \begin{pmatrix} 2 \\ 4 \end{pmatrix}_{\{\boldsymbol{b}_1, \boldsymbol{b}_2\}} \\ \boldsymbol{b}_2' = 5\boldsymbol{b}_1 - 4\boldsymbol{b}_2 = \begin{pmatrix} 5 \\ -4 \end{pmatrix}_{\{\boldsymbol{b}_1, \boldsymbol{b}_2\}} \end{cases} \tag{19.23}$$

新しい基底による成分をもとにした線形変換を表す行列 $\boldsymbol{A}'$ を求めよ.

[解]

$$\begin{aligned} A' &= Q^{-1}AP \\ &= \begin{pmatrix} 2 & 5 \\ 4 & -4 \end{pmatrix}^{-1} \begin{pmatrix} -2 & 3 \\ 4 & 5 \end{pmatrix} \begin{pmatrix} 6 & -3 \\ 2 & 9 \end{pmatrix} \\ &= \frac{1}{-28} \begin{pmatrix} -4 & -5 \\ -4 & 2 \end{pmatrix} \begin{pmatrix} -2 & 3 \\ 4 & 5 \end{pmatrix} \begin{pmatrix} 6 & -3 \\ 2 & 9 \end{pmatrix} \\ &= \frac{1}{-28} \begin{pmatrix} -4 & -5 \\ -4 & 2 \end{pmatrix} \begin{pmatrix} -6 & 33 \\ 34 & 33 \end{pmatrix} \\ &= \frac{1}{-28} \begin{pmatrix} -146 & -297 \\ 92 & -66 \end{pmatrix} \end{aligned} \tag{19.24}$$

次のように表せることになる.

$$\begin{aligned} \begin{pmatrix} y_1' \\ y_2' \end{pmatrix}_{\{\boldsymbol{b}_1', \boldsymbol{b}_2'\}} &= A' \begin{pmatrix} x_1' \\ x_2' \end{pmatrix}_{\{\boldsymbol{a}_1', \boldsymbol{a}_2'\}} \\ &= \frac{1}{-28} \begin{pmatrix} -146 & -297 \\ 92 & -66 \end{pmatrix}_{\{\boldsymbol{b}_1', \boldsymbol{b}_2'\}/\{\boldsymbol{a}_1', \boldsymbol{a}_2'\}} \begin{pmatrix} x_1' \\ x_2' \end{pmatrix}_{\{\boldsymbol{a}_1', \boldsymbol{a}_2'\}} \end{aligned} \tag{19.25}$$

[例題 **2**]

x 平面上での古い基底, $\boldsymbol{a}_1$, $\boldsymbol{a}_2$ から, 新しい基底 $\boldsymbol{a}_1'$, $\boldsymbol{a}_2'$ を, 図 (a) のように構成した. y 平面上での古い基底, $\boldsymbol{b}_1$, $\boldsymbol{b}_2$ から, 新しい基底 $\boldsymbol{b}_1'$, $\boldsymbol{b}_2'$ を, 図 (b) のように構成した.

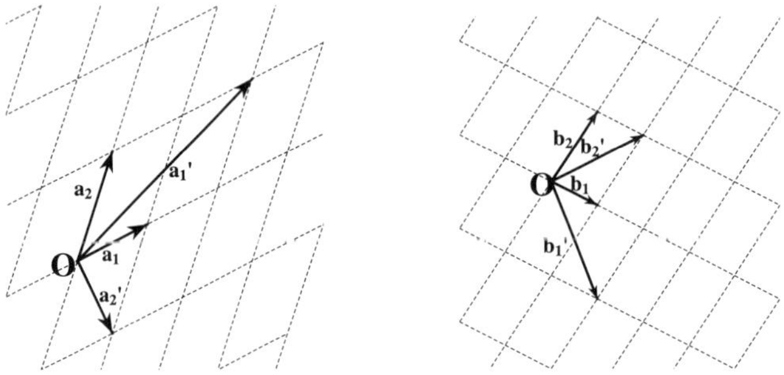

(a) (b)

図 19.1

2 次元 x 平面から 2 次元 y 平面への線形変換 $\boldsymbol{y}=f(\boldsymbol{x})$ がある．x 平面における基底 $\boldsymbol{a_1}$, $\boldsymbol{a_2}$ と，y 平面における基底 $\boldsymbol{b_1}$, $\boldsymbol{b_2}$ とを用いて成分表示すると，この線形変換は次のようになっている．

$$\begin{pmatrix} y_1 \\ y_2 \end{pmatrix}_{\{\boldsymbol{b}_1,\boldsymbol{b}_2\}} = \begin{pmatrix} 4 & 2 \\ 1 & -5 \end{pmatrix}_{\{\boldsymbol{b}_1,\boldsymbol{b}_2\}/\{\boldsymbol{a}_1,\boldsymbol{a}_2\}} \begin{pmatrix} x_1 \\ x_2 \end{pmatrix}_{\{\boldsymbol{a}_1,\boldsymbol{a}_2\}} = A \begin{pmatrix} x_1 \\ x_2 \end{pmatrix}_{\{\boldsymbol{a}_1,\boldsymbol{a}_2\}} \tag{19.26}$$

新しい基底による成分を基にした線形変換を表す行列 A' を求めよ．

［解］x 平面での新しい基底 $\boldsymbol{a_1'}$, $\boldsymbol{a_2'}$ が古い基底 $\boldsymbol{a_1}$, $\boldsymbol{a_2}$ からどのように定まっているかは，図から次のように読みとれる．

$$\begin{cases} \boldsymbol{a_1'} = 2\boldsymbol{a_1} + 1\boldsymbol{a_2} = \begin{pmatrix} 2 \\ 1 \end{pmatrix}_{\{\boldsymbol{a}_1,\boldsymbol{a}_2\}} \\ \boldsymbol{a_2'} = 1\boldsymbol{a_1} - 1\boldsymbol{a_2} = \begin{pmatrix} 1 \\ -1 \end{pmatrix}_{\{\boldsymbol{a}_1,\boldsymbol{a}_2\}} \end{cases} \tag{19.27}$$

y 平面での新しい基底 $\boldsymbol{b_1'}$, $\boldsymbol{b_2'}$ が古い基底 $\boldsymbol{b_1}$, $\boldsymbol{b_2}$ からどのように定まっているかは，図から次のように読みとれる．

$$\begin{cases} \boldsymbol{b_1'} = 2\boldsymbol{b_1} - 1\boldsymbol{b_2} = \begin{pmatrix} 2 \\ -1 \end{pmatrix}_{\{\boldsymbol{b}_1,\boldsymbol{b}_2\}} \\ \boldsymbol{b_2'} = 1\boldsymbol{b_1} + 1\boldsymbol{b_2} = \begin{pmatrix} 1 \\ 1 \end{pmatrix}_{\{\boldsymbol{b}_1,\boldsymbol{b}_2\}} \end{cases} \tag{19.28}$$

x 平面での基底の変換を表す行列 P は次のようになる．

$$P = \begin{pmatrix} 2 & 1 \\ 1 & -1 \end{pmatrix} \tag{19.29}$$

y 平面での基底の変換を表す行列 Q は次のようになる．

$$Q = \begin{pmatrix} 2 & 1 \\ -1 & 1 \end{pmatrix} \tag{19.30}$$

Q の逆行列 Q^{-1} は次のように求められる．

$$Q^{-1} = \frac{1}{3}\begin{pmatrix} 1 & -1 \\ 1 & 2 \end{pmatrix} \tag{19.31}$$

新しい基底による成分を基にした線形変換を表す行列 A' を求める．

$$\begin{aligned} A' &= Q^{-1}AP \\ &= \begin{pmatrix} 2 & 1 \\ -1 & 1 \end{pmatrix}^{-1} \begin{pmatrix} 4 & 2 \\ 1 & -5 \end{pmatrix} \begin{pmatrix} 2 & 1 \\ 1 & -1 \end{pmatrix} \end{aligned}$$

$$= \frac{1}{3}\begin{pmatrix} 1 & -1 \\ 1 & 2 \end{pmatrix}\begin{pmatrix} 4 & 2 \\ 1 & -5 \end{pmatrix}\begin{pmatrix} 2 & 1 \\ 1 & -1 \end{pmatrix}$$

$$= \frac{1}{3}\begin{pmatrix} 1 & -1 \\ 1 & 2 \end{pmatrix}\begin{pmatrix} 10 & 2 \\ -3 & 6 \end{pmatrix}$$

$$= \frac{1}{3}\begin{pmatrix} 13 & -4 \\ 4 & 14 \end{pmatrix} \tag{19.32}$$

次のように表せることになる.

$$\begin{pmatrix} y'_1 \\ y'_2 \end{pmatrix}_{\{\boldsymbol{b'_1},\boldsymbol{b'_2}\}} = A' \begin{pmatrix} x'_1 \\ x'_2 \end{pmatrix}_{\{\boldsymbol{a'_1},\boldsymbol{a'_2}\}}$$

$$= \frac{1}{3}\begin{pmatrix} 13 & -4 \\ 4 & 14 \end{pmatrix}_{\{\boldsymbol{b'_1},\boldsymbol{b'_2}\}/\{\boldsymbol{a'_1},\boldsymbol{a'_2}\}} \begin{pmatrix} x'_1 \\ x'_2 \end{pmatrix}_{\{\boldsymbol{a'_1},\boldsymbol{a'_2}\}} \tag{19.33}$$

第19章　演習問題

(1) 2 次元 x 平面から 2 次元 y 平面への線形変換 $\boldsymbol{y} = f(\boldsymbol{x})$ がある. x 平面における基底 $\boldsymbol{a_1}$, $\boldsymbol{a_2}$ と, y 平面における基底 $\boldsymbol{b_1}$, $\boldsymbol{b_2}$ とを用いて成分表示すると, この線形変換は次のようになっている.

$$\begin{pmatrix} y_1 \\ y_2 \end{pmatrix}_{\{\boldsymbol{b_1},\boldsymbol{b_2}\}} = \begin{pmatrix} 2 & -3 \\ -4 & 5 \end{pmatrix}_{\{\boldsymbol{b_1},\boldsymbol{b_2}\}/\{\boldsymbol{a_1},\boldsymbol{a_2}\}} \begin{pmatrix} x_1 \\ x_2 \end{pmatrix}_{\{\boldsymbol{a_1},\boldsymbol{a_2}\}} = A \begin{pmatrix} x_1 \\ x_2 \end{pmatrix}_{\{\boldsymbol{a_1},\boldsymbol{a_2}\}}$$

x 平面における新しい基底 $\boldsymbol{a'_1}$, $\boldsymbol{a'_2}$ と, y 平面における新しい基底 $\boldsymbol{b'_1}$, $\boldsymbol{b'_2}$ とを次のように作った.

$$\begin{cases} \boldsymbol{a'_1} = 3\boldsymbol{a_1} + 1\boldsymbol{a_2} = \begin{pmatrix} 3 \\ 1 \end{pmatrix}_{\{\boldsymbol{a_1},\boldsymbol{a_2}\}} \\ \boldsymbol{a'_2} = 2\boldsymbol{a_1} + 7\boldsymbol{a_2} = \begin{pmatrix} 2 \\ 7 \end{pmatrix}_{\{\boldsymbol{a_1},\boldsymbol{a_2}\}} \end{cases}, \quad \begin{cases} \boldsymbol{b'_1} = 1\boldsymbol{b_1} + 5\boldsymbol{b_2} = \begin{pmatrix} 1 \\ 5 \end{pmatrix}_{\{\boldsymbol{b_1},\boldsymbol{b_2}\}} \\ \boldsymbol{b'_2} = 4\boldsymbol{b_1} - 2\boldsymbol{b_2} = \begin{pmatrix} 4 \\ -2 \end{pmatrix}_{\{\boldsymbol{b_1},\boldsymbol{b_2}\}} \end{cases}$$

新しい基底による成分を基にした線形変換を表す行列 A' を求めよ.

(2) x 平面上での古い基底, $\boldsymbol{a_1}$, $\boldsymbol{a_2}$ から, 新しい基底 $\boldsymbol{a'_1}$, $\boldsymbol{a'_2}$ を図 (a) のように構成した. 同様に y 平

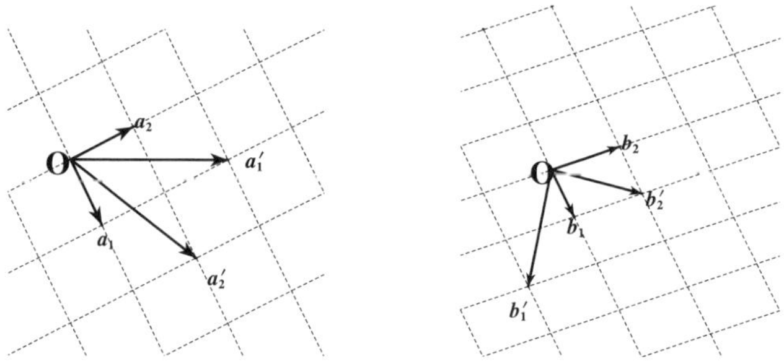

(a) (b)

図 19.2

面上での古い基底，$\boldsymbol{b_1}$, $\boldsymbol{b_2}$ から，新しい基底 $\boldsymbol{b'_1}$, $\boldsymbol{b'_2}$ を，図 (b) のように構成した．

2 次元 x 平面から 2 次元 y 平面への線形変換 $\boldsymbol{y} = f(\boldsymbol{x})$ がある．x 平面における基底 $\boldsymbol{a_1}$, $\boldsymbol{a_2}$ と，y 平面における基底 $\boldsymbol{b_1}$, $\boldsymbol{b_2}$ とを用いて成分表示すると，この線形変換は次のようになっている．

$$\begin{pmatrix} y_1 \\ y_2 \end{pmatrix}_{\{\boldsymbol{b_1},\boldsymbol{b_2}\}} = \begin{pmatrix} 5 & 6 \\ 3 & -2 \end{pmatrix}_{\{\boldsymbol{b_1},\boldsymbol{b_2}\}/\{\boldsymbol{a_1},\boldsymbol{a_2}\}} \begin{pmatrix} x_1 \\ x_2 \end{pmatrix}_{\{\boldsymbol{a_1},\boldsymbol{a_2}\}} = A \begin{pmatrix} x_1 \\ x_2 \end{pmatrix}_{\{\boldsymbol{a_1},\boldsymbol{a_2}\}}$$

新しい基底による成分を基にした線形変換を表す行列 A' を求めよ．

第20章　固有値と固有ベクトル

20.1　ベクトル場

線形変換によるベクトルの移り方を目で見えるようにする便利な方法がある．次の線形変換を例にとろう．

$$\begin{pmatrix} y_1 \\ y_2 \end{pmatrix} = \begin{pmatrix} 3 & 1 \\ 2 & 4 \end{pmatrix} \begin{pmatrix} x_1 \\ x_2 \end{pmatrix} \tag{20.1}$$

この線形変換によって，基本ベクトル e_1，e_2 は次のように変換される．

$$\boldsymbol{e}_1 = \begin{pmatrix} 1 \\ 0 \end{pmatrix} \Longrightarrow \boldsymbol{a}_1 = \begin{pmatrix} 3 \\ 2 \end{pmatrix}, \quad \boldsymbol{e}_2 = \begin{pmatrix} 0 \\ 1 \end{pmatrix} \Longrightarrow \boldsymbol{a}_2 = \begin{pmatrix} 1 \\ 4 \end{pmatrix} \tag{20.2}$$

これらのベクトルの移動を図に表してみよう．$\boldsymbol{e}_1$ から $\boldsymbol{a}_1$ への移動のベクトル $\boldsymbol{a}_1 - \boldsymbol{e}_1$ と $\boldsymbol{e}_2$ から $\boldsymbol{a}_2$ への移動のベクトル $\boldsymbol{a}_2 - \boldsymbol{e}_2$ を図に示す．

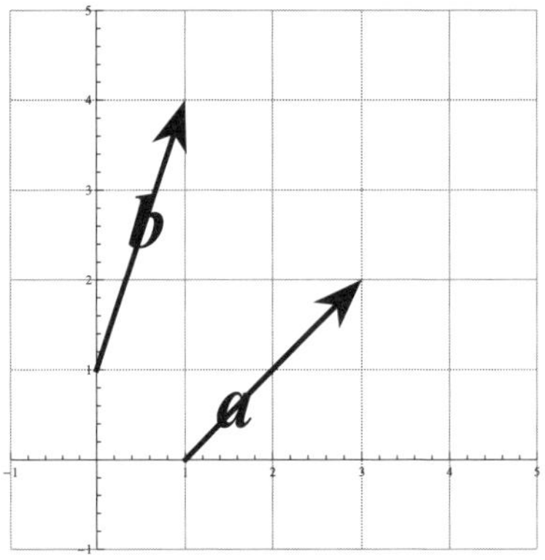

図 20.1

今度は，次の線形変換を例にとろう．

$$\begin{pmatrix} y_1 \\ y_2 \end{pmatrix} = \begin{pmatrix} 1.1 & 0.2 \\ 0.3 & 1 \end{pmatrix} \begin{pmatrix} x_1 \\ x_2 \end{pmatrix} \tag{20.3}$$

この線形変換によって，基本ベクトル $\boldsymbol{e}_1$，$\boldsymbol{e}_2$ は次のように変換される．

$$\boldsymbol{e}_1 = \begin{pmatrix} 1 \\ 0 \end{pmatrix} \Longrightarrow \boldsymbol{a}_1 = \begin{pmatrix} 1.1 \\ 0.3 \end{pmatrix}, \quad \boldsymbol{e}_2 = \begin{pmatrix} 0 \\ 1 \end{pmatrix} \Longrightarrow \boldsymbol{a}_2 = \begin{pmatrix} 0.2 \\ 1 \end{pmatrix} \tag{20.4}$$

先ほどは $\boldsymbol{e}_1$，$\boldsymbol{e}_2$ だけについて調べたが，すべてのベクトル $\boldsymbol{x}$ とそれを変換したベクトル $\boldsymbol{y} = \boldsymbol{A}\boldsymbol{x}$ を結んだ移動のベクトル $\boldsymbol{A}\boldsymbol{x} - \boldsymbol{x}$ を図に描いてみる．

このように各点にベクトルを対応させたものをベクトル場という．次のようないくつかの行

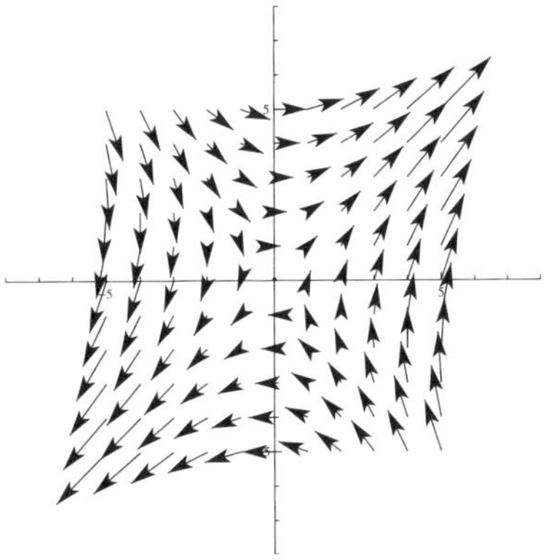

図 **20.2**

列について，ベクトル場の図を描いてみよう．

$$\boldsymbol{A}_1 = \begin{pmatrix} 1 & -0.5 \\ -0.7 & 1 \end{pmatrix}, \quad \boldsymbol{A}_2 = \begin{pmatrix} 0.4 & -1 \\ 0.7 & 1 \end{pmatrix} \tag{20.5}$$

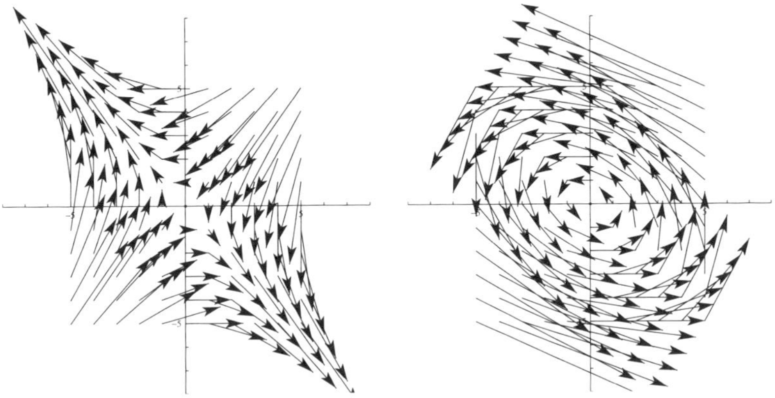

(a) $\begin{pmatrix} 1 & -0.5 \\ -0.7 & 1 \end{pmatrix}$ (b) $\begin{pmatrix} 0.4 & -1 \\ 0.7 & 1 \end{pmatrix}$

図 **20.3**

$$\boldsymbol{A}_3 = \begin{pmatrix} 1.4 & 0 \\ 0 & 1.3 \end{pmatrix}, \quad \boldsymbol{A}_4 = \begin{pmatrix} \cos 0.4 & -\sin 0.4 \\ \sin 0.4 & \cos 0.4 \end{pmatrix} \tag{20.6}$$

20.2 固有値と固有ベクトル

ベクトル場の図において，いくつかの場合，ある方向のベクトルは方向が変わらずに長さだけ何倍かになっていることがわかる．このような方向は，向きが反対になる場合もあるが，2つ見つかる．このような方向にあるベクトルを**固有ベクトル**という．この方向のベクトルはすべて一定の倍率で長さが変化する．この倍率の数値を**固有値**という．

固有ベクトル $\boldsymbol{x} = \begin{pmatrix} x_1 \\ x_2 \end{pmatrix}$, 固有値 λ を式で表すと次のようになる．

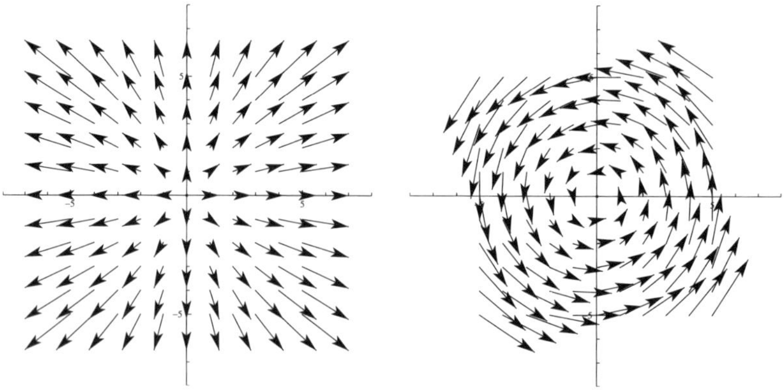

(a) $\begin{pmatrix} 1.4 & 0 \\ 0 & 1.3 \end{pmatrix}$ (b) $\begin{pmatrix} \cos 0.4 & -\sin 0.4 \\ \sin 0.4 & \cos 0.4 \end{pmatrix}$

図 **20.4**

$$\boldsymbol{A}\boldsymbol{x} = \lambda \boldsymbol{x} \tag{20.7}$$

$$\begin{pmatrix} a_{11} & a_{12} \\ a_{21} & a_{22} \end{pmatrix} \begin{pmatrix} x_1 \\ x_2 \end{pmatrix} = \lambda \begin{pmatrix} x_1 \\ x_2 \end{pmatrix} \tag{20.8}$$

例として行列 $A = \begin{pmatrix} 4 & 1 \\ -2 & 1 \end{pmatrix}$ の固有値と固有ベクトルを求めてみよう．

$$\begin{pmatrix} 4 & 1 \\ -2 & 1 \end{pmatrix} \begin{pmatrix} x_1 \\ x_2 \end{pmatrix} = \lambda \begin{pmatrix} x_1 \\ x_2 \end{pmatrix} \tag{20.9}$$

左辺を展開して次のようになる．

$$\begin{cases} 4x_1 + x_2 = \lambda x_1 \\ -2x_1 + x_2 = \lambda x_2 \end{cases}, \quad \begin{cases} (4-\lambda)x_1 + x_2 = 0 & \cdots\cdots ① \\ -2x_1 + (1-\lambda)x_2 = 0 & \cdots\cdots ② \end{cases} \tag{20.10}$$

x_1，x_2 についてのこの連立方程式は，$x_1 = 0$，$x_2 = 0$ を解に持っている．固有ベクトルというときは零ベクトルは意味がないので除いて考えると，これ以外に解を持つ場合を探していることになる．

連立 1 次方程式は係数の行列式が 0 でなければ，クラーメルの公式により解は一意的に定まる．従って零ベクトル以外に解を持つのは係数の行列式が 0 の場合である．

$$\begin{vmatrix} 4-\lambda & 1 \\ -2 & 1-\lambda \end{vmatrix} = 0 \tag{20.11}$$

展開して整理する．

$$(4-\lambda)(1-\lambda) - 1 \times (-2) = 0 \tag{20.12}$$

$$\lambda^2 - 5\lambda + 6 = (\lambda - 2)(\lambda - 3) = 0 \tag{20.13}$$

$$\lambda = 2 \quad \text{または} \quad \lambda = 3 \tag{20.14}$$

このようにして固有値が求められる．式 (20.11) を**固有方程式**という．

固有ベクトルは固有値を式 (20.10) の①に代入して得られる．はじめに固有値 $\lambda = 2$ のとき

の固有ベクトルを求める．$\lambda = 2$ を①に代入し

$$2x_1 + x_2 = 0 \tag{20.15}$$

②に代入しても同じ結果が得られる．$2x_1 + x_2 = 0$ をみたすベクトルはすべて固有ベクトルである．$x_2 = -2x_1$ とすると固有ベクトルは傾きが -2 の直線上にあることがわかる．整数の値を成分に持つ簡単な固有値の 1 つは $x = \begin{pmatrix} 1 \\ -2 \end{pmatrix}$ である．

長さが 1 の固有値を求めるには $x_1^2 + x_2^2 = 1$ と連立させ解き，次のように求められる．

$$x = \begin{pmatrix} \frac{1}{\sqrt{5}} \\ -\frac{2}{\sqrt{5}} \end{pmatrix} \quad \text{または} \quad \begin{pmatrix} -\frac{1}{\sqrt{5}} \\ \frac{2}{\sqrt{5}} \end{pmatrix} \tag{20.16}$$

一般に行列 $A = \begin{pmatrix} a & c \\ b & d \end{pmatrix}$ の固有方程式は次のようになる．

$$\begin{vmatrix} a-\lambda & c \\ b & d-\lambda \end{vmatrix} = 0 \tag{20.17}$$

$$\lambda^2 - (a+d)\lambda + (ad - bc) = 0 \tag{20.18}$$

固有値 λ に対する固有ベクトルは，$(a-\lambda)x_1 + cx_2 = 0$ から得られる．

[**例題 1**]

次の行列の固有値と固有ベクトルを求めよ．さらにベクトル場の図を描き，固有ベクトルの方向では線形変換によって方向が変わらず，長さが原点から固有値倍になっていることを確かめよ．

$$A = \begin{pmatrix} 1 & \frac{1}{5} \\ \frac{1}{5} & 1 \end{pmatrix} \tag{20.19}$$

[解] 固有方程式は次のようになる．

$$\begin{vmatrix} 1-\lambda & \frac{1}{5} \\ \frac{1}{5} & 1-\lambda \end{vmatrix} = 0 \tag{20.20}$$

行列式を計算し整理すると，次のような λ の 2 次方程式が得られる．

$$\lambda^2 - 2\lambda + \frac{24}{25} = 0 \tag{20.21}$$

このまま，あるいは分数をなくして因数分解する．

$$\left(\lambda - \frac{6}{5}\right)\left(\lambda - \frac{4}{5}\right) = 0 \tag{20.22}$$

したがって固有値は $\lambda = \frac{6}{5}$，あるいは$\lambda = \frac{4}{5}$ となる．

固有値 $\lambda = \frac{6}{5}$ のとき固有ベクトルは次のようになる．

$$(1-\lambda)x_1 + \frac{1}{5}x_2 = 0 \quad \text{に代入し,} \quad -\frac{1}{5}x_1 + \frac{1}{5}x_2 = 0 \tag{20.23}$$

したがって固有ベクトルは $x_2 = x_1$ の直線上にある．たとえば $\boldsymbol{x} = \begin{pmatrix} 1 \\ 1 \end{pmatrix}$ となる．一般には $\boldsymbol{x} = \begin{pmatrix} t \\ t \end{pmatrix}$ (t は任意) と表せる．

固有値 $\lambda = \dfrac{4}{5}$ のとき固有ベクトルは次のようになる．

$$(1-\lambda)x_1 + \frac{1}{5}x_2 = 0 \quad \text{に代入し,} \quad \frac{1}{5}x_1 + \frac{1}{5}x_2 = 0 \tag{20.24}$$

したがって固有ベクトルは $x_2 = -x_1$ の直線上にある．たとえば $\boldsymbol{x} = \begin{pmatrix} 1 \\ -1 \end{pmatrix}$ となる．一般には $\boldsymbol{x} = \begin{pmatrix} t \\ -t \end{pmatrix}$ (t は任意) と表せる．

固有ベクトルの方向 $x_2 = x_1$ の上の固有ベクトル $x = \begin{pmatrix} 5 \\ 5 \end{pmatrix}$ と x をこの線形変換で変換したベクトル $A\begin{pmatrix} 5 \\ 5 \end{pmatrix} = \begin{pmatrix} 6 \\ 6 \end{pmatrix}$ の関係が次の図からわかる．

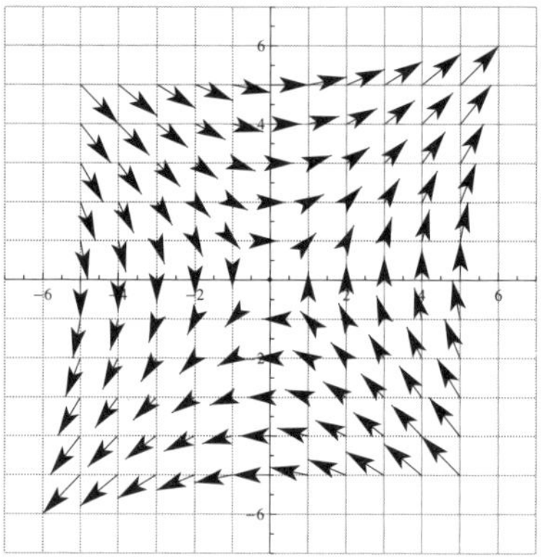

図 20.5

固有値 $\dfrac{6}{5} = 1.2$ に対応する固有ベクトルがのっている直線 $x_2 = x_1$ の上のベクトルは，原点からの長さの 1.2 倍の長さに，つまり 2 割増しに移動する様子が見えよう．

一方，固有値 $\dfrac{4}{5} = 0.8$ に対応する固有ベクトルがのっている直線 $x_2 = -x_1$ の上のベクトルは，原点からの長さの 0.8 倍の長さに，つまり 2 割減に移動する様子が見えよう．

固有値，固有ベクトルの計算は 3 次元以上でも同じである．3 次の場合，次のようになる．

$$Ax = \lambda x, \quad \begin{pmatrix} a_{11} & a_{12} & a_{13} \\ a_{21} & a_{22} & a_{23} \\ a_{31} & a_{32} & a_{33} \end{pmatrix}\begin{pmatrix} x_1 \\ x_2 \\ x_3 \end{pmatrix} = \lambda \begin{pmatrix} x_1 \\ x_2 \\ x_3 \end{pmatrix} \tag{20.25}$$

3 次の場合の固有方程式は，次のようになる．

$$\begin{vmatrix} a_{11}-\lambda & a_{12} & a_{13} \\ a_{21} & a_{22}-\lambda & a_{23} \\ a_{31} & a_{32} & a_{33}-\lambda \end{vmatrix} = 0 \tag{20.26}$$

2 次の固有方程式は手の計算でも求められるが，3 次以上の場合を手で求めるのは 3 次方程式を解かなければならないので，大変である．

$$A = \begin{pmatrix} 7 & -3 & 5 \\ -2 & 2 & 6 \\ 0 & 0 & 4 \end{pmatrix} \tag{20.27}$$

固有方程式は

$$\begin{vmatrix} 7-\lambda & -3 & 5 \\ -2 & 2-\lambda & 6 \\ 0 & 0 & 4-\lambda \end{vmatrix} = 0 \quad \text{より} \quad (\lambda-1)(\lambda-4)(\lambda-8) = 0 \tag{20.28}$$

となり．固有値が $\lambda = 1$, $\lambda = 4$, $\lambda = 8$ と求められる．

固有値や固有ベクトルの成分が，いつも実数の範囲で求められるとは限らない．次の行列の固有値と固有ベクトルを求めてみよう．

$$A = \begin{pmatrix} 4 & 5 \\ -1 & 2 \end{pmatrix}, \quad A = \begin{pmatrix} 1 & -1 & 3 \\ 0 & 1 & 0 \\ -1 & 2 & 4 \end{pmatrix} \tag{20.29}$$

3 次の固有方程式の解は 1 つは必ず実数であるが，他の 2 つはこの例のように複素数になることもある．固有ベクトルについても同じである．

ところで固有値は等しい値になることもある．次の行列 A の固有値と固有ベクトルを求めてみよう．

$$A = \begin{pmatrix} 1 & 1 \\ 0 & 1 \end{pmatrix} \tag{20.30}$$

この場合の固有値と固有ベクトルを求めてみよう．これは固有値が 1 つだけで 1 に等しく，

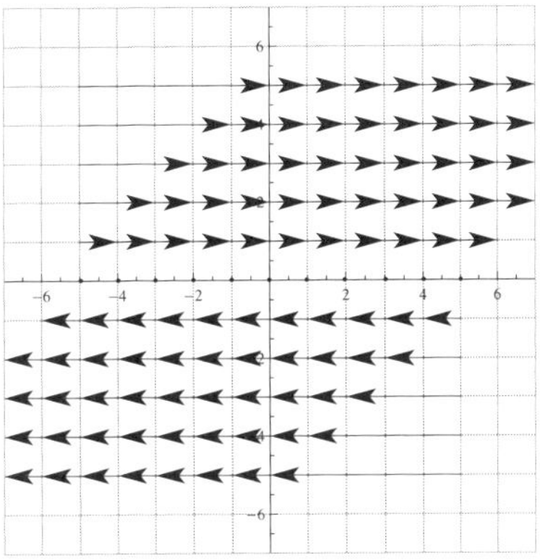

図 20.6

固有ベクトルは $x = \begin{pmatrix} 1 \\ 0 \end{pmatrix}$ の方向だけであることを意味している．

この場合のベクトルの移動をベクトル場として図 20.6 に図示してみよう．

たしかに原点から x_2 軸の方向だけが，変換によって方向が変わらないことが見えよう．ここへ行き着く途中の過程をみるとよりわかりやすい．次の 2 つのステップを調べよう．

$$A1 = \begin{pmatrix} 1 & 1 \\ 0.15 & 1 \end{pmatrix}, \quad A2 = \begin{pmatrix} 1 & 1 \\ 0.05 & 1 \end{pmatrix} \tag{20.31}$$

これらの行列のベクトルの移動をみるため，ベクトル場のグラフを描いてみよう．

図 20.7 が得られる．

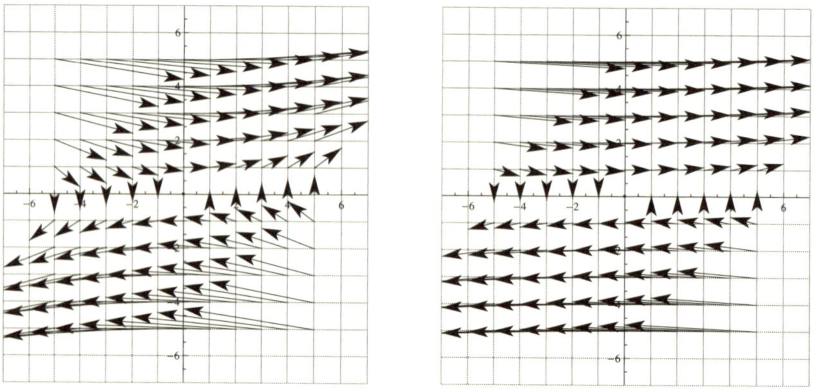

図 20.7

このように 2 つあった固有値が等しくなるに従って，異なる方向にあった固有ベクトルが単に反対向きになっていく．すなわち 1 次従属になってしまう．

一般に異なる固有値に対する固有ベクトルは独立である．このことは次のようにしてわかる．固有値を λ_1，λ_2 として等しくないとする．それぞれ固有ベクトルを x_1，x_2 ととると，$A\boldsymbol{x}_1 = \lambda_1 \boldsymbol{x}_1$, $A\boldsymbol{x}_2 = \lambda_2 \boldsymbol{x}_2$ となっている．x_1，x_2 が独立であることを示すため次の式を仮定する．

$$k_1 \boldsymbol{x}_1 + k_2 \boldsymbol{x}_2 = \boldsymbol{0} \tag{20.32}$$

これに A をかけて $A\boldsymbol{x}_1 = \lambda_1 \boldsymbol{x}_1$，$A\boldsymbol{x}_2 = \lambda_2 \boldsymbol{x}_2$ を置き換える．

$$k_1 \lambda_1 \boldsymbol{x}_1 + k_2 \lambda_2 \boldsymbol{x}_2 = \boldsymbol{0} \tag{20.33}$$

式 (20.32) に λ_2 をかけて式 (20.33) を引くと次の式が得られる．

$$k_1(\lambda_1 - \lambda_2) x_1 = \boldsymbol{0} \tag{20.34}$$

ここで $\lambda_1 - \lambda_2 \neq \boldsymbol{0}$, $x_1 \neq \boldsymbol{0}$ であるから $k_1 = 0$ が得られる．同様にして $k_2 = 0$ となる．したがって x_1，x_2 は 1 次独立である．

20.3　3 次の固有ベクトルとベクトル場

3 次元のベクトルを線形変換で変換したら，どのくらい移動するかを図に表してみよう．紙の上は 2 次元であるから無理なことではあるが，見取り図を描いてがまんしよう．

3 つの固有ベクトルが異なる場合は，複雑な移動で図を描いてもよくわからない．ここでは 2 つの固有値が一致する場合を図示してみよう．次の行列を例にとる．

$$A = \begin{pmatrix} 2 & 1 & 2 \\ 0 & 2 & 1 \\ 0 & 0 & 3 \end{pmatrix} \tag{20.35}$$

図示する前に固有値と固有ベクトルを求めておこう．

$$\begin{vmatrix} 2-\lambda & 7 & 2 \\ 0 & 2-\lambda & 1 \\ 0 & 0 & 3-\lambda \end{vmatrix} \quad \text{より} \quad -\lambda^3+7\lambda^2-16\lambda+12 = -(\lambda-2)^2(\lambda-3) = 0 \tag{20.36}$$

固有ベクトルが $\lambda = 2$ (重根)，$\lambda = 3$ であり，対応する固有ベクトルは $x = \begin{pmatrix} 1 \\ 0 \\ 0 \end{pmatrix}$，$x = \begin{pmatrix} 3 \\ 1 \\ 1 \end{pmatrix}$ である．次の図になる．

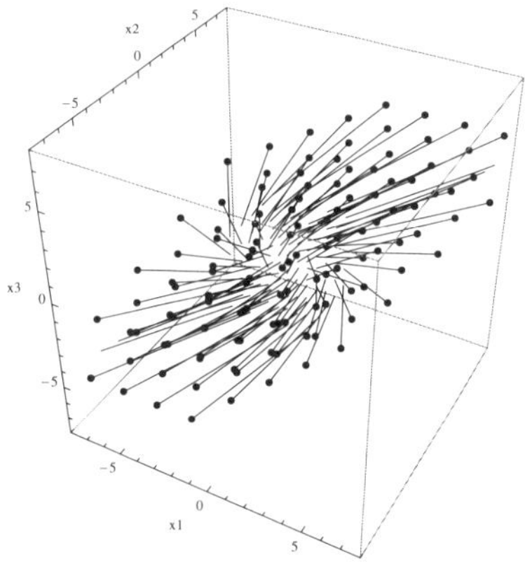

図 20.8

20.4　固有値の和と積

3 次の行列の固有値は次の式から得られた．

$$\begin{vmatrix} a_{11}-\lambda & a_{12} & a_{13} \\ a_{21} & a_{22}-\lambda & a_{23} \\ a_{31} & a_{32} & a_{33}-\lambda \end{vmatrix} = 0 \tag{20.37}$$

この行列式を計算してまとめると次のようになる.

$$-\lambda^3+(a_{11}+a_{22}+a_{33})\lambda-\left(\begin{vmatrix} a_{11} & a_{12} \\ a_{21} & a_{22} \end{vmatrix}+\begin{vmatrix} a_{11} & a_{13} \\ a_{31} & a_{33} \end{vmatrix}+\begin{vmatrix} a_{22} & a_{23} \\ a_{32} & a_{33} \end{vmatrix}\right)\lambda+|A|=0 \tag{20.38}$$

3 根すなわち 3 つの固有ベクトルを t_1, t_2, t_3 とすると次のように因数分解されているはずである.

$$-(\lambda-t_1)(\lambda-t_2)(\lambda-t_3)=0 \tag{20.39}$$

この左辺は次のように展開される.

$$-\big(\lambda^3-(t_1+t_2+t_3)\lambda^2+(t_1t_2+t_2t_3+t_3t_1)\lambda-t_1t_2t_3\big) \tag{20.40}$$

2 つの式を比較して次のようなことがわかる.

$$t_1+t_2+t_3=a_{11}+a_{22}+a_{33} \tag{20.41}$$

$$t_1t_2t_3=|A| \tag{20.42}$$

$a_{11}+a_{22}+a_{33}$ は行列 A の対角線の要素の和で, A のトレースといい Tr(A) と表す. 固有値の積は行列式に等しいことがわかる.

わかりやすいように 3 次の場合を述べたが, 一般に何次元でも成立する.

また対角線の一方が全部 0 の要素からなる行列を三角行列という.

$$A=\begin{pmatrix} a_{11} & a_{12} & a_{13} \\ 0 & a_{22} & a_{23} \\ 0 & 0 & a_{33} \end{pmatrix} \tag{20.43}$$

この場合の固有方程式は次のようになる.

$$\begin{vmatrix} a_{11}-\lambda & a_{12} & a_{13} \\ 0 & a_{22}-\lambda & a_{23} \\ 0 & 0 & a_{33}-\lambda \end{vmatrix}=0 \tag{20.44}$$

この行列式は簡単に求められる.

$$-(\lambda-a_{11})(\lambda-a_{22})(\lambda-a_{33})=0 \tag{20.45}$$

この場合の固有値は対角線の要素である.

第 20 章　演習問題

(1) 次の行列の固有値と固有ベクトルを求めよ. 固有ベクトルは簡単な整数で表せ

(a) $A=\begin{pmatrix} 5 & 1 \\ -3 & 1 \end{pmatrix}$,　(b) $A=\begin{pmatrix} 5 & -1 \\ -2 & 2 \end{pmatrix}$

(2) 次の行列の固有値と固有ベクトルを求めよ．固有ベクトルは簡単な整数で表せ．

$$\text{(a)}\ A = \begin{pmatrix} 2 & 3 & 6 \\ 0 & -4 & -1 \\ 0 & 5 & 2 \end{pmatrix}, \quad \text{(b)}\ A = \begin{pmatrix} 5 & 0 & 0 \\ 3 & 2 & 1 \\ 4 & 2 & 3 \end{pmatrix}$$

(3) 次の行列の固有値と固有ベクトルを求めよ．

$$\text{(a)}\ A = \begin{pmatrix} 2.3 & 3.1 & 6.1 \\ 0.2 & -4 & -1 \\ 0 & 5 & 2 \end{pmatrix}, \quad \text{(b)}\ A = \begin{pmatrix} 5.1 & 0.2 & 0.3 \\ 3.1 & 2.4 & 1.2 \\ 4.1 & 2.3 & 3.1 \end{pmatrix}$$

(4) 次の行列による変換で，ベクトルがどのように移動するかを表したベクトル場の図を描け．

$$A = \begin{pmatrix} 1 & 0.2 \\ 0.4 & 1 \end{pmatrix}$$

第 21 章　行列の対角化

線形変換を表す行列は，基底の取り方次第でいろいろ変化することを学んだ．そこで，行列が便利な形になるように基底を選ぶことをやってみようというわけである．

「便利な形の行列」というのは，右下がりの対角線の要素以外は 0 になる行列である．このような行列を**対角行列**という．何らかの変換によって対角行列に変換することを，**行列の対角化**という．対角行列がどうして便利かはこの中で学ぶことになる．

さらに，「行列にとって便利な基底」というのが実は「固有ベクトルを基底に取る」ということなのであるがそれについても学ぶことになる．

21.1　固有ベクトルを基底にとる変換

前に，図形を線形変換するとどうなるかを学んだ．xy 平面にある猫を，x 方向へ 4 倍に伸ばし，y 方向へ 2 倍に伸ばす変換は，次のような線形変換であった．

$$\begin{pmatrix} x' \\ y' \end{pmatrix} = \begin{pmatrix} 4 & 0 \\ 0 & 2 \end{pmatrix} \begin{pmatrix} x \\ y \end{pmatrix} \tag{21.1}$$

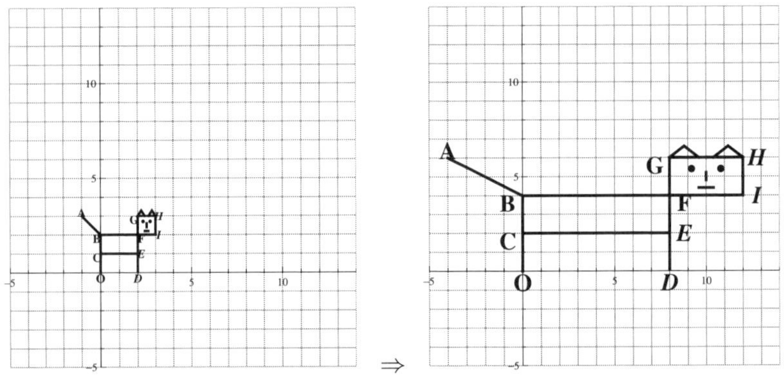

図 21.1

ここでのベクトルの成分やそれに基づく行列の数値はすべて基本ベクトル $\boldsymbol{e_1}$ と $\boldsymbol{e_2}$ をもとにしている．

上の線形変換によって，$\boldsymbol{e_1} = \begin{pmatrix} 1 \\ 0 \end{pmatrix}$ は，$4\boldsymbol{c_1} = 4\begin{pmatrix} 1 \\ 0 \end{pmatrix} = \begin{pmatrix} 4 \\ 0 \end{pmatrix}$ に変換され，長さだけが 4 倍になっている．同じように，$\boldsymbol{e_2} = \begin{pmatrix} 0 \\ 1 \end{pmatrix}$ は，$2\boldsymbol{e_1} = 2\begin{pmatrix} 0 \\ 1 \end{pmatrix} = \begin{pmatrix} 0 \\ 2 \end{pmatrix}$ に変換されていて長さだけが 2 倍になっている．

今度は別の基底をとってみるわけであるが，線形変換によって長さだけが 4 倍と 2 倍になるようにするために，固有ベクトルを基底にとる．

固有値が 4 と 2 になる行列として次の行列を考えてみよう.

$$A = \begin{pmatrix} 3 & 1 \\ 1 & 3 \end{pmatrix} \tag{21.2}$$

固有値を λ とし，固有ベクトルを $\begin{pmatrix} x \\ y \end{pmatrix}$ とする.「線形変換によって方向が変わらずに長さだけが λ 倍になる」ということを式で書くと次のようになる.

$$\begin{pmatrix} 3 & 1 \\ 1 & 3 \end{pmatrix} \begin{pmatrix} x \\ y \end{pmatrix} = \lambda \begin{pmatrix} x \\ y \end{pmatrix} \tag{21.3}$$

行列のかけ算を実行し，整頓すると次の式が得られる.

$$\begin{cases} (3-\lambda)x + y = 0 & \cdots ① \\ x + (3-\lambda)y = 0 & \cdots ② \end{cases} \tag{21.4}$$

$x = y = 0$ 以外の解を持つ場合は，クラーメルの公式が使えない場合で，係数の行列式が 0 になる場合であった.

$$(3-\lambda)(3-\lambda) - 1 \times 1 = 0 \tag{21.5}$$

整頓すると次の 2 次方程式が得られる.

$$\lambda^2 - 6\lambda + 8 = 0 \tag{21.6}$$

足して 6，かけて 8 になる 2 つの数を見つけると，4 と 2 が見つかる.

$$(\lambda - 4)(\lambda - 2) = 0 \tag{21.7}$$

$\lambda = 4$ と，$\lambda = 2$ が得られる.

(1) $\lambda = 4$ のとき

①に代入して，$-x + y = 0$, $y = x$ となるので，固有ベクトルを一般に表すと次のようになる.

$$\begin{pmatrix} x \\ y \end{pmatrix} = \begin{pmatrix} t \\ t \end{pmatrix} \qquad (t \text{ は任意}) \tag{21.8}$$

ここでは一番簡単な固有ベクトルを 1 つ選びだす. $\boldsymbol{u} = \begin{pmatrix} 1 \\ 1 \end{pmatrix}$ としよう.

(2) $\lambda = 2$ のとき

①に代入して，$x + y = 0$, $y = -x$ となるので，固有ベクトルを一般に表すと次のようになる.

$$\begin{pmatrix} x \\ y \end{pmatrix} = \begin{pmatrix} t \\ -t \end{pmatrix} \qquad (t \text{ は任意}) \tag{21.9}$$

ここでも一番簡単な固有ベクトルを 1 つ選びだす. $\boldsymbol{v} = \begin{pmatrix} -1 \\ 1 \end{pmatrix}$ としよう.

新しく固有ベクトル $\boldsymbol{u}$ と $\boldsymbol{v}$ を基底にとることにする.

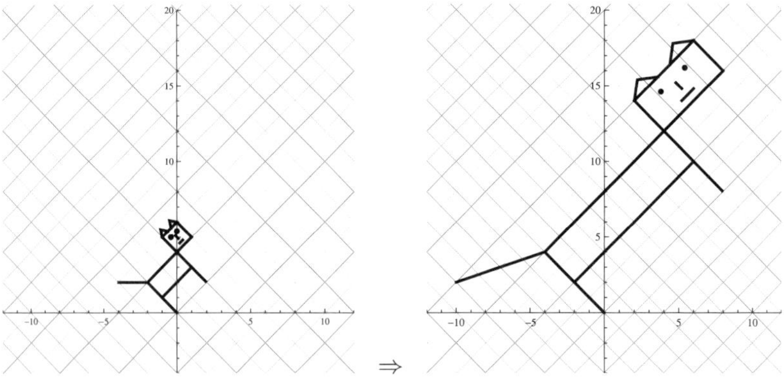

図 21.2

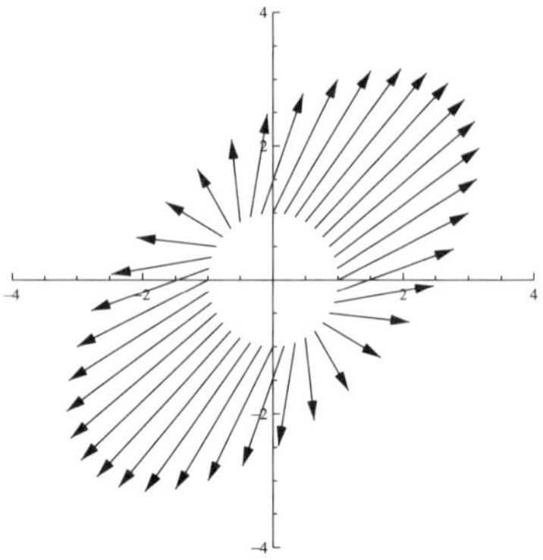

図 21.3

はじめの猫に対して，$\boldsymbol{u}$ 方向へ 4 倍に拡大され，$\boldsymbol{v}$ 方向へ 2 倍に拡大されることがわかる．
原点中心で半径が 1 の円周上の点は次のように変換される．
これらの図は次のような線形変換によるものある．

$$\begin{pmatrix} x' \\ y' \end{pmatrix}_{\{\boldsymbol{u}',\boldsymbol{v}'\}} = \begin{pmatrix} 4 & 0 \\ 0 & 2 \end{pmatrix}_{\{\boldsymbol{u}',\boldsymbol{v}'\}/\{\boldsymbol{u},\boldsymbol{v}\}} \begin{pmatrix} x \\ y \end{pmatrix}_{\{\boldsymbol{u},\boldsymbol{v}\}} \tag{21.10}$$

21.2 行列の対角化

今までのことを整理すると次のようになる．
$\boldsymbol{e_1}$ と $\boldsymbol{e_2}$ を基底として表すと，

$$\begin{pmatrix} x' \\ y' \end{pmatrix} = \begin{pmatrix} 3 & 1 \\ 1 & 3 \end{pmatrix} \begin{pmatrix} x \\ y \end{pmatrix} \tag{21.11}$$

と表された線形変換が，$\boldsymbol{u}$ と $\boldsymbol{v}$ を基底として表すと次のように表せる，ということである．

$$\begin{pmatrix} x' \\ y' \end{pmatrix}_{\{\boldsymbol{u},\boldsymbol{v}\}} = \begin{pmatrix} 4 & 0 \\ 0 & 2 \end{pmatrix}_{\{\boldsymbol{u},\boldsymbol{v}\}/\{\boldsymbol{u},\boldsymbol{v}\}} \begin{pmatrix} x \\ y \end{pmatrix}_{\{\boldsymbol{u},\boldsymbol{v}\}} \tag{21.12}$$

ところで前に，「基底の変換をしたときの行列の変換」について学んだ．つまり，x 平面上での基底の変換を表す行列を $\boldsymbol{P}$ とし，y 平面上での基底の変換を表す行列を $\boldsymbol{Q}$ とすると，線形

変換を表す行列は $\boldsymbol{A}$ から $\boldsymbol{A}' = \boldsymbol{Q}^{-1}\boldsymbol{A}\boldsymbol{P}$ に変換されるということであった.

今ここでは y 平面は x 平面と同じとしているので，$\boldsymbol{Q} = \boldsymbol{P}$ となっている．したがって，ここでは $\boldsymbol{A}' = \boldsymbol{P}^{-1}\boldsymbol{A}\boldsymbol{P}$ となっている.

この式から計算すれば，$\boldsymbol{A} = \begin{pmatrix} 4 & 0 \\ 0 & 2 \end{pmatrix}$ となっているはずであろう．このことを実際に計算で確かめてみよう.

基底の変換を表す行列は固有ベクトルを縦に並べて次のようになっている.

$$\boldsymbol{P} = \begin{pmatrix} 1 & -1 \\ 1 & 1 \end{pmatrix} \tag{21.13}$$

$\boldsymbol{P}$ の逆行列は次のようになる.

$$\boldsymbol{P}^{-1} = \frac{1}{2}\begin{pmatrix} 1 & 1 \\ -1 & 1 \end{pmatrix} \tag{21.14}$$

$\boldsymbol{A}'$ は次のように計算できる.

$$\begin{aligned}
\boldsymbol{A}' &= \boldsymbol{P}^{-1}\boldsymbol{A}\boldsymbol{P} \\
&= \frac{1}{2}\begin{pmatrix} 1 & 1 \\ -1 & 1 \end{pmatrix}\begin{pmatrix} 3 & 1 \\ 1 & 3 \end{pmatrix}\begin{pmatrix} 1 & -1 \\ 1 & 1 \end{pmatrix} \\
&= \frac{1}{2}\begin{pmatrix} 1 & 1 \\ -1 & 1 \end{pmatrix}\begin{pmatrix} 4 & -2 \\ 4 & 2 \end{pmatrix} \\
&= \frac{1}{2}\begin{pmatrix} 8 & 0 \\ 0 & 4 \end{pmatrix} \\
&= \begin{pmatrix} 4 & 0 \\ 0 & 2 \end{pmatrix}
\end{aligned} \tag{21.15}$$

これで，意味の上からも実際の計算からも確かめられたことになる.

[例題 **1**]

次の行列 A について，以下の問いに答えよ.

$$\boldsymbol{A} = \begin{pmatrix} 6 & -3 \\ 2 & 1 \end{pmatrix} \tag{21.16}$$

(1) $\boldsymbol{A}$ の固有値を求めよ.

(2) $\boldsymbol{A}$ の固有ベクトル $\boldsymbol{u}$ と $\boldsymbol{v}$ を定めよ.

(3) $\boldsymbol{u}$ と $\boldsymbol{v}$ を新しい基底に取るとき，基底の変換を表す行列 $\boldsymbol{P}$ を求めよ.

(4) $\boldsymbol{P}$ の逆行列 $\boldsymbol{P}^{-1}$ を求めよ.

(5) 固有ベクトルを基底にとったので，線形変換を表す行列 A' は固有値を使ってどのように表されるか示せ.

(6) 上のことを，$\boldsymbol{A}' = \boldsymbol{P}^{-1}\boldsymbol{A}\boldsymbol{P}$ を実際に計算して確かめよ.

[解] (1) 固有値を λ とし，固有ベクトルを $\begin{pmatrix} x \\ y \end{pmatrix}$ としよう.「線形変換によって方向が変わらずに長さだけが λ 倍になる」ということを式で書くと次のようになる.

$$\begin{pmatrix} 6 & -3 \\ 2 & 1 \end{pmatrix} \begin{pmatrix} x \\ y \end{pmatrix} = \lambda \begin{pmatrix} x \\ y \end{pmatrix} \tag{21.17}$$

行列のかけ算を実行し，整頓すると次の式が得られる．

$$\begin{cases} (6-\lambda)x - 3y = 0 & \cdots ① \\ 2x + (1-\lambda)y = 0 & \cdots ② \end{cases} \tag{21.18}$$

$x = y = 0$ 以外の解をもつ場合は，クラーメルの公式が使えない場合で，係数の行列式が 0 になる場合であった．

$$(6-\lambda)(1-\lambda) - 2 \times (-3) = 0 \tag{21.19}$$

整頓すると次の 2 次方程式が得られる．

$$\lambda^2 - 7\lambda + 12 = 0 \tag{21.20}$$

足して 7，かけて 12 になる 2 つの数を見つけると，3 と 4 が見つかる．

$$(\lambda - 3)(\lambda - 4) = 0 \tag{21.21}$$

$\lambda = 3$ と，$\lambda = 4$ が得られる．

(2) $\langle \lambda = 3$ のとき$\rangle$

①に代入して，$3x - 3y = 0$, $y = x$ となるので，固有ベクトルを一般に表すと次のようになる．

$$\begin{pmatrix} x \\ y \end{pmatrix} = \begin{pmatrix} t \\ t \end{pmatrix} \qquad (t \text{ は任意}) \tag{21.22}$$

ここでは一番簡単な固有ベクトルを 1 つ選びだす．$\boldsymbol{u} = \begin{pmatrix} 1 \\ 1 \end{pmatrix}$ としよう．

$\langle \lambda = 4$ のとき$\rangle$

①に代入して，$2x - 3y = 0$, $y = \dfrac{2}{3}x$ となるので，固有ベクトルを一般に表すと次のようになる．

$$\begin{pmatrix} x \\ y \end{pmatrix} = \begin{pmatrix} 3t \\ 2t \end{pmatrix} \qquad (t \text{ は任意}) \tag{21.23}$$

ここでは一番簡単な固有ベクトルを 1 つ選びだす．$\boldsymbol{v} = \begin{pmatrix} 3 \\ 2 \end{pmatrix}$ としよう．

新しく固有ベクトル $\boldsymbol{u}$ と $\boldsymbol{v}$ を基底にとる．

(3) 基底の変換を表す行列は，$\boldsymbol{u}$ と $\boldsymbol{v}$ を縦に並べて次のようになる．

$$\boldsymbol{P} = \begin{pmatrix} 1 & 3 \\ 1 & 2 \end{pmatrix} \tag{21.24}$$

(4) 行列 $\boldsymbol{P}^{-1}$ は次のように求められる．

$$\boldsymbol{P}^{-1} = \frac{1}{-1} \begin{pmatrix} 2 & -3 \\ -1 & 1 \end{pmatrix} = \begin{pmatrix} -2 & 3 \\ 1 & -1 \end{pmatrix} \tag{21.25}$$

(5) $\boldsymbol{A}'$ は固有値を対角線に並べた対角行列であるから次のようになる．

$$\boldsymbol{A}' = \begin{pmatrix} 3 & 0 \\ 0 & 4 \end{pmatrix} \tag{21.26}$$

(6) $\boldsymbol{A}' = \boldsymbol{P}^{-1}\boldsymbol{A}\boldsymbol{P}$ を実際に計算する．

$$\begin{aligned} \boldsymbol{A}' &= \boldsymbol{P}^{-1}\boldsymbol{A}\boldsymbol{P} \\ &= \begin{pmatrix} -2 & 3 \\ 1 & -1 \end{pmatrix} \begin{pmatrix} 6 & -3 \\ 2 & 1 \end{pmatrix} \begin{pmatrix} 1 & 3 \\ 1 & 2 \end{pmatrix} \\ &= \begin{pmatrix} -2 & 3 \\ 1 & -1 \end{pmatrix} \begin{pmatrix} 3 & 12 \\ 3 & 8 \end{pmatrix} \\ &= \begin{pmatrix} 3 & 0 \\ 0 & 4 \end{pmatrix} \end{aligned} \tag{21.27}$$

第 21 章　演習問題

(1) 次の行列 $\boldsymbol{A}$ について，以下の問いに答えよ．

$$A = \begin{pmatrix} 5 & -2 \\ 4 & -1 \end{pmatrix}$$

(a) $\boldsymbol{A}$ の固有値を求めよ．

(b) $\boldsymbol{A}$ の固有ベクトル $\boldsymbol{u}$ と $\boldsymbol{v}$ を定めよ．

(c) $\boldsymbol{u}$ と $\boldsymbol{v}$ を新しい基底にとるとき，基底の変換を表す行列 $\boldsymbol{P}$ を求めよ．

(d) $\boldsymbol{P}$ の逆行列 $\boldsymbol{P}^{-1}$ を求めよ．

(e) 固有ベクトルを基底にとったので，線形変換を表す行列 $\boldsymbol{A}'$ は固有値を使ってどのように表されるか示せ．

(f) 上のことを，$\boldsymbol{A}' = \boldsymbol{P}^{-1}\boldsymbol{A}\boldsymbol{P}$ を実際に計算して確かめよ．

(2) 次の行列 $\boldsymbol{A}$ について，以下の問いに答えよ．

$$A = \begin{pmatrix} 4 & -2 \\ 3 & -3 \end{pmatrix}$$

(a) $\boldsymbol{A}$ の固有値を求めよ．

(b) $\boldsymbol{A}$ の固有ベクトル $\boldsymbol{u}$ と $\boldsymbol{v}$ を定めよ．

(c) $\boldsymbol{u}$ と $\boldsymbol{v}$ を新しい基底に取るとき，基底の変換を表す行列 $\boldsymbol{P}$ を求めよ．

(d) $\boldsymbol{P}$ の逆行列 $\boldsymbol{P}^{-1}$ を求めよ．

(e) 固有ベクトルを基底に取ったので，線形変換を表す行列 $\boldsymbol{A}'$ は固有値を使ってどのように表されるか示せ．

(f) 上のことを，$\boldsymbol{A}' = \boldsymbol{P}^{-1}\boldsymbol{A}\boldsymbol{P}$ を実際に計算して確かめよ．

第22章　行列の n 乗

同じ行列を 2 回，3 回，4 回，$\cdots$ かける，つまり，2 乗，3 乗，4 乗，$\cdots$ を求めるということは，原理的には可能であるが実際には回数が多くなってくるとやる気がしない．たとえば，$\begin{pmatrix} 3 & 7 \\ 8 & 4 \end{pmatrix}^{20}$ などは手で直接は計算したくないだろう．

もっともコンピュータが発達しているので，パソコンを使えば簡単に求められることは確かである．しかし，10 行 10 列の大きい行列を 20 乗するとなると，パソコンでも大変である．パソコンにやってもらうにしても能率よく早くできる計算方法を教え込んでやった方がいい．

ここでは，前回学んだことを応用し，行列の 20 乗などが比較的簡単に求められる原理を学習する．

22.1　対角行列の n 乗

行列の n 乗といっても，特殊な行列の場合は簡単に求められる．$\begin{pmatrix} 2 & 0 \\ 0 & 3 \end{pmatrix}$ から，$\begin{pmatrix} 2 & 0 \\ 0 & 3 \end{pmatrix}^2$，$\begin{pmatrix} 2 & 0 \\ 0 & 3 \end{pmatrix}^3$ を計算してみよう．

$$\begin{pmatrix} 2 & 0 \\ 0 & 3 \end{pmatrix}^2 = \begin{pmatrix} 2 & 0 \\ 0 & 3 \end{pmatrix}\begin{pmatrix} 2 & 0 \\ 0 & 3 \end{pmatrix} = \begin{pmatrix} 2^2 & 0 \\ 0 & 3^2 \end{pmatrix} \tag{22.1}$$

$$\begin{pmatrix} 2 & 0 \\ 0 & 3 \end{pmatrix}^3 = \begin{pmatrix} 2 & 0 \\ 0 & 3 \end{pmatrix}^2\begin{pmatrix} 2 & 0 \\ 0 & 3 \end{pmatrix} = \begin{pmatrix} 2^2 & 0 \\ 0 & 3^2 \end{pmatrix}\begin{pmatrix} 2 & 0 \\ 0 & 3 \end{pmatrix} = \begin{pmatrix} 2^3 & 0 \\ 0 & 3^3 \end{pmatrix} \tag{22.2}$$

以下同じことであるから，次のことがわかる．

$$\begin{pmatrix} 2 & 0 \\ 0 & 3 \end{pmatrix}^n = \begin{pmatrix} 2^n & 0 \\ 0 & 3^n \end{pmatrix} \tag{22.3}$$

一般に，対角行列の n 乗は，対角線の数を n 乗するだけでよいことがわかる．

$$\begin{pmatrix} a & 0 \\ 0 & b \end{pmatrix}^n = \begin{pmatrix} a^n & 0 \\ 0 & b^n \end{pmatrix} \tag{22.4}$$

22.2　一般行列の n 乗

対角行列の n 乗は簡単に求められることがわかったが，その他の一般の行列の n 乗はどのように計算できるだろうか？

行列だけ考えているとわかりにくいが，行列の背後にある線形変換を考えてみれば今まで学んだことが役に立つことがわかる．

つまり，線形変換を媒介にして考えれば，行列は変換されるのであった．基底の変換をすれば，表現される行列は変換できたのである．

行列を対角行列に変換するには，行列の固有ベクトルを新しい基底にとればよいことを学んできた．

例として次の行列の n 乗を考えてみよう．

$$A = \begin{pmatrix} 7 & -1 \\ 2 & 4 \end{pmatrix} \tag{22.5}$$

準備としてはとにかく固有値と固有ベクトルを求めなければならなかった．

固有値を λ とし，固有ベクトルを $\begin{pmatrix} x \\ y \end{pmatrix}$ としよう．「線形変換によって方向が変わらずに長さだけが λ 倍になる」ということを式で書くと次のようになる．

$$\begin{pmatrix} 7 & -1 \\ 2 & 4 \end{pmatrix} \begin{pmatrix} x \\ y \end{pmatrix} = \lambda \begin{pmatrix} x \\ y \end{pmatrix} \tag{22.6}$$

行列のかけ算を実行し，整頓すると次の式が得られる．

$$\begin{cases} (7-\lambda)x - y = 0 & \cdots ① \\ 2x + (4-\lambda)y = 0 & \cdots ② \end{cases} \tag{22.7}$$

$x = y = 0$ 以外の解をもつ場合は，クラーメルの公式が使えない場合で，係数の行列式が 0 になる場合であった．

$$(7-\lambda)(4-\lambda) - (-1)1 \times 2 = 0 \tag{22.8}$$

整頓すると次の 2 次方程式が得られる．

$$\lambda^2 - 11\lambda + 30 = 0 \tag{22.9}$$

足して 11，かけて 30 になる 2 つの数を見つけると，5 と 6 が見つかる．

$$(\lambda - 5)(\lambda - 6) = 0 \tag{22.10}$$

$\lambda = 5$ と，$\lambda = 6$ が得られる．

(1) $\lambda = 5$ のとき

①に代入して，$2x - y = 0$，$y = 2x$ となるので，固有ベクトルを一般に表すと次のようになる．

$$\begin{pmatrix} x \\ y \end{pmatrix} = \begin{pmatrix} t \\ 2t \end{pmatrix} \quad (t \text{ は任意}) \tag{22.11}$$

ここでは一番簡単な固有ベクトルを 1 つ選びだす．$\boldsymbol{u} = \begin{pmatrix} 1 \\ 2 \end{pmatrix}$ としよう．

(2) $\lambda = 6$ のとき

①に代入して，$x - y = 0$，$y = x$ となるので，固有ベクトルを一般に表すと次のようになる．

$$\begin{pmatrix} x \\ y \end{pmatrix} = \begin{pmatrix} t \\ t \end{pmatrix} \quad (t \text{ は任意}) \tag{22.12}$$

ここでは一番簡単な固有ベクトルを1つ選びだす．$\boldsymbol{v}=\begin{pmatrix}1\\1\end{pmatrix}$ としよう．

新しく固有ベクトル $\boldsymbol{u}$ と $\boldsymbol{v}$ を基底にとる．

基底の変換を表す行列 $\boldsymbol{P}$ は次のようになる．

$$\boldsymbol{P}=\begin{pmatrix}1&1\\2&1\end{pmatrix} \tag{22.13}$$

このとき $\boldsymbol{P}$ の逆行列 $\boldsymbol{P}^{-1}$ は次のようになる．

$$\boldsymbol{P}^{-1}=\frac{1}{-1}\begin{pmatrix}1&-1\\-2&1\end{pmatrix}=\begin{pmatrix}-1&1\\2&-1\end{pmatrix} \tag{22.14}$$

$\boldsymbol{u}$ と $\boldsymbol{v}$ を新しい基底とすると，行列は次のように変換される．

$$\boldsymbol{A}'=\boldsymbol{P}^{-1}\boldsymbol{A}\boldsymbol{P}=\begin{pmatrix}-1&1\\2&-1\end{pmatrix}\begin{pmatrix}7&-1\\2&4\end{pmatrix}\begin{pmatrix}1&1\\2&1\end{pmatrix}=\begin{pmatrix}5&0\\0&6\end{pmatrix} \tag{22.15}$$

ここで，$\boldsymbol{A}^{10}$ などを求めなければならないので，$\boldsymbol{A}=$ で始まる形にする．そのためには左側から $\boldsymbol{P}$ をかけ，右から $\boldsymbol{P}^{-1}$ をかける．

$$\boldsymbol{P}\boldsymbol{A}'\boldsymbol{P}^{-1}=\boldsymbol{P}\boldsymbol{P}^{-1}\boldsymbol{A}\boldsymbol{P}\boldsymbol{P}^{-1} \tag{22.16}$$

ところで，$\boldsymbol{P}\boldsymbol{P}^{-1}=\boldsymbol{E}=\begin{pmatrix}1&0\\0&1\end{pmatrix}$ であったから，次のようになる．

$$\boldsymbol{P}\boldsymbol{A}'\boldsymbol{P}^{-1}=\boldsymbol{P}\boldsymbol{P}^{-1}\boldsymbol{A}\boldsymbol{P}\boldsymbol{P}^{-1}=\boldsymbol{A} \tag{22.17}$$

$$\boldsymbol{A}=\boldsymbol{P}\boldsymbol{A}'\boldsymbol{P}^{-1} \tag{22.18}$$

ここで $\boldsymbol{A}^{10}$ を計算する．

$$\begin{aligned}\boldsymbol{A}^{10}&=\boldsymbol{P}\boldsymbol{A}'\boldsymbol{P}^{-1}\boldsymbol{P}\boldsymbol{A}'\boldsymbol{P}^{-1}\boldsymbol{P}\boldsymbol{A}'\boldsymbol{P}^{-1}\boldsymbol{P}\boldsymbol{A}'\boldsymbol{P}^{-1}\cdots\boldsymbol{P}\boldsymbol{A}'\boldsymbol{P}^{-1}\boldsymbol{P}\boldsymbol{A}'\boldsymbol{P}^{-1}\\&=\boldsymbol{PAEAEAEAEA}\cdots\boldsymbol{P}^{-1}\\&=\boldsymbol{P}(\boldsymbol{A}')^{10}\boldsymbol{P}^{-1}\\&=\begin{pmatrix}1&1\\2&1\end{pmatrix}\begin{pmatrix}5&0\\0&6\end{pmatrix}^{10}\begin{pmatrix}-1&1\\2&-1\end{pmatrix}\\&=\begin{pmatrix}1&1\\2&1\end{pmatrix}\begin{pmatrix}5^{10}&0\\0&6^{10}\end{pmatrix}\begin{pmatrix}-1&1\\2&-1\end{pmatrix}\\&=\begin{pmatrix}1&1\\2&1\end{pmatrix}\begin{pmatrix}-5^{10}&5^{10}\\2\times6^{10}&-6^{10}\end{pmatrix}\\&=\begin{pmatrix}-5^{10}+2\times6^{10}&5^{10}-6^{10}\\-2\times5^{10}+2\times6^{10}&2\times5^{10}-6^{10}\end{pmatrix}\end{aligned} \tag{22.19}$$

［例題 **1**］

次の行列 $\boldsymbol{A}$ の 20 乗 $\boldsymbol{A}^{20}$ を，以下の手順で求めよ．

$$\boldsymbol{A} = \begin{pmatrix} 3 & 2 \\ 2 & 6 \end{pmatrix} \tag{22.20}$$

(1) $\boldsymbol{A}$ の固有値を求めよ.

(2) $\boldsymbol{A}$ の固有ベクトル $\boldsymbol{u}$ と $\boldsymbol{v}$ を求めよ.

(3) $\boldsymbol{u}$ と $\boldsymbol{v}$ を新しい基底にとるとき，基底の変換を表す行列 $\boldsymbol{P}$ を求めよ.

(4) $\boldsymbol{P}$ の逆行列 $\boldsymbol{P}^{-1}$ を求めよ.

(5) 固有ベクトルを基底にとったので，線形変換を表す行列 $\boldsymbol{A}'$ は固有値を使ってどのように表されるか示せ.

(6) $\boldsymbol{A}'^{20}$ を求めよ.

(7) $\boldsymbol{A} = \boldsymbol{P}\boldsymbol{A}'\boldsymbol{P}^{-1}$ から，$\boldsymbol{A}^{20}$ を求めよ.

[解]

(1) 固有値を λ とし，固有ベクトルを $\begin{pmatrix} x \\ y \end{pmatrix}$ としよう.「線形変換によって方向が変わらずに長さだけが λ 倍になる」ということを式で書くと次のようになる.

$$\begin{pmatrix} 3 & 2 \\ 2 & 6 \end{pmatrix}\begin{pmatrix} x \\ y \end{pmatrix} = \lambda \begin{pmatrix} x \\ y \end{pmatrix} \tag{22.21}$$

行列のかけ算を実行し，整頓すると次の式が得られる.

$$\begin{cases} (3-\lambda)x + 2y = 0 & \cdots ① \\ 2x + (6-\lambda)y = 0 & \cdots ② \end{cases} \tag{22.22}$$

$x = y = 0$ 以外の解をもつ場合は，クラーメルの公式が使えない場合で，係数の行列式が 0 になる場合であった.

$$(3-\lambda)(6-\lambda) - 2 \times 2 = 0 \tag{22.23}$$

整頓すると次の 2 次方程式が得られる.

$$\lambda^2 - 9\lambda + 14 = 0 \tag{22.24}$$

足して 9，かけて 14 になる 2 つの数を見つけると，2 と 7 が見つかる.

$$(\lambda - 2)(\lambda - 7) = 0 \tag{22.25}$$

$\lambda = 2$ と，$\lambda = 7$ が得られる.

(2) $\langle \lambda = 2$ のとき$\rangle$

①に代入して，$x + 2y = 0,\ y = -\dfrac{1}{2}x$ となるから，固有ベクトルを一般に表すと次のようになる.

$$\begin{pmatrix} x \\ y \end{pmatrix} = \begin{pmatrix} 2t \\ -t \end{pmatrix} \qquad (t \text{ は任意}) \tag{22.26}$$

ここでは一番簡単な固有ベクトルを 1 つ選びだす．$\boldsymbol{u} = \begin{pmatrix} 2 \\ -1 \end{pmatrix}$ としよう.

〈$\lambda = 7$ のとき〉

①に代入して，$-4x + 2y = 0$, $y = 2x$ となるので，固有ベクトルを一般に表すと次のようになる．

$$\begin{pmatrix} x \\ y \end{pmatrix} = \begin{pmatrix} t \\ 2t \end{pmatrix} \quad (t \text{ は任意}) \tag{22.27}$$

ここでは一番簡単な固有ベクトルを 1 つ選びだす．$\boldsymbol{v} = \begin{pmatrix} 1 \\ 2 \end{pmatrix}$ とする．

新しく固有ベクトル $\boldsymbol{u}$ と $\boldsymbol{v}$ を基底にとる．

(3) 基底の変換を表す行列は，$\boldsymbol{u}$ と $\boldsymbol{v}$ を縦に並べて次のようになる．

$$\boldsymbol{P} = \begin{pmatrix} 2 & 1 \\ -1 & 2 \end{pmatrix} \tag{22.28}$$

(4) 行列 $\boldsymbol{P}^{-1}$ は次のように求められる．

$$\boldsymbol{P}^{-1} = \frac{1}{5}\begin{pmatrix} 2 & -1 \\ 1 & 2 \end{pmatrix} \tag{22.29}$$

(5) $\boldsymbol{A}'$ は固有値を対角線に並べた対角行列であるから次のようになる．

$$\boldsymbol{A}' = \begin{pmatrix} 2 & 0 \\ 0 & 7 \end{pmatrix} \tag{22.30}$$

(6)

$$\boldsymbol{A}'^{20} = \begin{pmatrix} 2 & 0 \\ 0 & 7 \end{pmatrix}^{20} = \begin{pmatrix} 2^{20} & 0 \\ 0 & 7^{20} \end{pmatrix} \tag{22.31}$$

(7)

$$\begin{aligned} \boldsymbol{A}^{20} &= \boldsymbol{P}(\boldsymbol{A}')^{20}\boldsymbol{P}^{-1} \\ &= \begin{pmatrix} 2 & 1 \\ -1 & 2 \end{pmatrix} \begin{pmatrix} 2^{20} & 0 \\ 0 & 7^{20} \end{pmatrix} \frac{1}{5}\begin{pmatrix} 2 & -1 \\ 1 & 2 \end{pmatrix} \\ &= \frac{1}{5}\begin{pmatrix} 2 & 1 \\ -1 & 2 \end{pmatrix} \begin{pmatrix} 2^{21} & -2^{20} \\ 7^{20} & 2 \times 7^{20} \end{pmatrix} \\ &= \frac{1}{5}\begin{pmatrix} 2^{22} + 7^{20} & -2^{21} + 2 \times 7^{20} \\ -2^{21} + 2 \times 7^{20} & 2^{20} + 4 \times 7^{20} \end{pmatrix} \end{aligned} \tag{22.32}$$

第 22 章　演習問題

(1) 次の行列 $\boldsymbol{A}$ の 10 乗 $\boldsymbol{A}^{10}$ を，以下の手順で求めよ．

$$\boldsymbol{A} = \begin{pmatrix} 7 & -1 \\ 7 & 1 \end{pmatrix}$$

(a) $\boldsymbol{A}$ の固有値を求めよ．

(b) $\boldsymbol{A}$ の固有ベクトル $\boldsymbol{u}$ と $\boldsymbol{v}$ を定めよ．

(c) $\boldsymbol{u}$ と $\boldsymbol{v}$ を新しい基底にとるとき，基底の変換を表す行列 $\boldsymbol{P}$ を求めよ．

(d) $\boldsymbol{P}$ の逆行列 $\boldsymbol{P}^{-1}$ を求めよ．

(e) 固有ベクトルを基底にとったので，線形変換を表す行列 $\boldsymbol{A}'$ は固有値を使ってどのように表されるか示せ．

(f) $\boldsymbol{A}'^{10}$ を求めよ．

(g) $\boldsymbol{A} = \boldsymbol{P}\boldsymbol{A}'\boldsymbol{P}^{-1}$ から，$\boldsymbol{A}^{10}$ を求めよ．

(2) 次の行列 $\boldsymbol{A}$ の 10 乗 $\boldsymbol{A}^{10}$ を，以下の手順で求めよ．

$$\boldsymbol{A} = \begin{pmatrix} 7 & -4 \\ 2 & 1 \end{pmatrix}$$

(a) $\boldsymbol{A}$ の固有値を求めよ．

(b) $\boldsymbol{A}$ の固有ベクトル $\boldsymbol{u}$ と $\boldsymbol{v}$ を定めよ．

(c) $\boldsymbol{u}$ と $\boldsymbol{v}$ を新しい基底に取るとき，基底の変換を表す行列 $\boldsymbol{P}$ を求めよ．

(d) $\boldsymbol{P}$ の逆行列 $\boldsymbol{P}^{-1}$ を求めよ．

(e) 固有ベクトルを基底に取ったので，線形変換を表す行列 $\boldsymbol{A}'$ は固有値を使ってどのように表されるか示せ．

(f) $\boldsymbol{A}'^{10}$ を求めよ．

(g) $\boldsymbol{A} = \boldsymbol{P}\boldsymbol{A}'\boldsymbol{P}^{-1}$ から，$\boldsymbol{A}^{10}$ を求めよ．

第 23 章　人口移動の問題

いままで学んだことを活用して，都市と農村の人口移動の問題を分析してみよう．この手法は人口移動だけの問題にとどまらず，産業間の財の移動の問題とか，国と国との貿易の問題とか，広い分野で活用できるものである．産業連関分析と呼ばれる分野と関係している．

これまで，固有値とか固有ベクトルとか，その場での意味はわかっても，「こんなものが経済学とか自然科学で使われるのだろうか？」と思った人もいるであろうが，実はいろいろな分野に重宝に活用されているのである．

23.1　都市と農村の人口移動と行列

ある年の初めに都市に 100 万人住んでいて，近郊の農村に 60 万人が住んでいたとしよう．いろいろな家庭や職場の事情で人々は都市から農村へまた反対に農村から都市に移り住んでくる．

ここ数年の統計を調べてみたら，都市の人口の 2 割が農村へ移り住み，農村の人口の 3 割が都市に移り住むようになっていたとしよう．

もちろん 1 年の間には亡くなった方も生まれた子供もいるわけであるが，初めは単純にやらなければわからないので，生まれた人数と亡くなった人数は同じで変わらないとする．また，海外へ移住したり遠い他府県に移住する人もいないものとして進めてみよう．

基本がわかればそういう複雑な場合も扱えるようになるわけなので，後々のお楽しみということにしてほしい．

1 年後，2 年後，3 年後の都市と農村の人口を求めてみよう．

初めの年の人口を $x_0 = 100$ と表し，農村の人口を $y_0 = 60$ と表そう．1 年後の年の人口は x_1，農村の人口は y_1 と表す．次のように求められることはわかるであろう．

$$\begin{cases} x_1 = 0.8x_0 + 0.3y_0 = 0.8 \times 100 + 0.3 \times 60 = 98 \\ y_1 = 0.2x_0 + 0.7y_0 = 0.2 \times 100 + 0.7 \times 60 = 62 \end{cases} \tag{23.1}$$

この式を，ベクトルや行列を使って表すといままで学んだことと関連が付けられます．

$$\begin{pmatrix} x_1 \\ y_1 \end{pmatrix} = \begin{pmatrix} 0.8 & 0.3 \\ 0.2 & 0.7 \end{pmatrix} \begin{pmatrix} 100 \\ 60 \end{pmatrix} = \begin{pmatrix} 98 \\ 62 \end{pmatrix} \tag{23.2}$$

この式は，初めの年と 1 年後の人口の関係であるが，ある年と次の年の関係はこれと変わりがない．n 年後の都市の人口を x_n と表し，n 年後の農村の人口を y_n で表すと，次の年の都市の人口 x_{n+1} と農村の人口 y_{n+1} は次のように表せる．

$$\begin{pmatrix} x_{n+1} \\ y_{n+1} \end{pmatrix} = \begin{pmatrix} 0.8 & 0.3 \\ 0.2 & 0.7 \end{pmatrix} \begin{pmatrix} x_n \\ y_n \end{pmatrix} \tag{23.3}$$

ここで出てきた行列は，縦ベクトルの和が 1 であるという特徴を持っている．割合とか確率の数値だからであるが，このような行列は**確率推移行列**と呼ばれている．

23.2　10 年後の都市と農村の人口

3 年後の都市と農村の人口は次のようになる．

$$\begin{aligned}\begin{pmatrix} x_3 \\ y_3 \end{pmatrix} &= \begin{pmatrix} 0.8 & 0.3 \\ 0.2 & 0.7 \end{pmatrix} \begin{pmatrix} x_2 \\ y_2 \end{pmatrix} \\ &= \begin{pmatrix} 0.8 & 0.3 \\ 0.2 & 0.7 \end{pmatrix} \begin{pmatrix} 0.8 & 0.3 \\ 0.2 & 0.7 \end{pmatrix} \begin{pmatrix} x_1 \\ y_1 \end{pmatrix} \\ &= \begin{pmatrix} 0.8 & 0.3 \\ 0.2 & 0.7 \end{pmatrix}^2 \begin{pmatrix} x_1 \\ y_1 \end{pmatrix} \\ &= \begin{pmatrix} 0.8 & 0.3 \\ 0.2 & 0.7 \end{pmatrix}^2 \begin{pmatrix} 0.8 & 0.3 \\ 0.2 & 0.7 \end{pmatrix} \begin{pmatrix} x_0 \\ y_0 \end{pmatrix} \\ &= \begin{pmatrix} 0.8 & 0.3 \\ 0.2 & 0.7 \end{pmatrix}^3 \begin{pmatrix} x_0 \\ y_0 \end{pmatrix} \end{aligned} \tag{23.4}$$

同様にしてこれを繰り返せば，10 年後の都市と農村の人口は次のように表せる．

$$\begin{pmatrix} x_{10} \\ y_{10} \end{pmatrix} = \begin{pmatrix} 0.8 & 0.3 \\ 0.2 & 0.7 \end{pmatrix}^{10} \begin{pmatrix} x_0 \\ y_0 \end{pmatrix} \tag{23.5}$$

したがって，確率推移行列の 10 乗を計算すればいことがわかります．行列の 10 乗は前回学んだので計算できるはずであろう．一連の過程を計算しよう．

(1) 固有値を λ とし，固有ベクトルを $\begin{pmatrix} x \\ y \end{pmatrix}$ とする．「線形変換によって方向が変わらずに長さだけが λ 倍になる」ということを式で書くと，次のようになる．

$$\begin{pmatrix} 0.8 & 0.3 \\ 0.2 & 0.7 \end{pmatrix} \begin{pmatrix} x \\ y \end{pmatrix} = \lambda \begin{pmatrix} x \\ y \end{pmatrix} \tag{23.6}$$

行列のかけ算を実行し，整頓すると次の式が得られる．

$$\begin{cases} (0.8-\lambda)x + 0.3y = 0 & \cdots ① \\ 0.2x + (0.7-\lambda)y = 0 & \cdots ② \end{cases} \tag{23.7}$$

$x = y = 0$ 以外の解を持つ場合は，クラーメルの公式が使えない場合で，係数の行列式が 0 になる場合であった．

$$(0.8-\lambda)(0.7-\lambda) - 0.2 \times 0.4 = 0 \tag{23.8}$$

整頓すると次の 2 次方程式が得られる．

$$\lambda^2 - 1.5\lambda + 0.5 = 0 \tag{23.9}$$

足して 1.5，かけて 0.5 になる 2 つの数を見つけると，1 と 0.5 が見つかる．

$$(\lambda - 1)(\lambda - 0.5) = 0 \tag{23.10}$$

$\lambda = 1$ と，$\lambda = 0.5$ が得られる．

(2) $\langle \lambda = 1$ のとき$\rangle$

①に代入して，$-0.2x + 0.3y = 0$, $y = \dfrac{2}{3}x$ となりますから，固有ベクトルを一般に表すと次のようになる．

$$\begin{pmatrix} x \\ y \end{pmatrix} = \begin{pmatrix} 3t \\ 2t \end{pmatrix} \quad (t \text{ は任意}) \tag{23.11}$$

ここでは一番簡単な固有ベクトルを 1 つ選び，$\boldsymbol{u} = \begin{pmatrix} 3 \\ 2 \end{pmatrix}$ とする．

(2) $\lambda = 0.5$ のとき

①に代入して，$0.3x + 0.2y = 0$, $y = -x$ となるから，固有ベクトルを一般に表すと次のようになる．

$$\begin{pmatrix} x \\ y \end{pmatrix} = \begin{pmatrix} t \\ -t \end{pmatrix} \quad (t \text{ は任意}) \tag{23.12}$$

ここでは一番簡単な固有ベクトルを 1 つ選び，$\boldsymbol{v} = \begin{pmatrix} 1 \\ -1 \end{pmatrix}$ とする．

新しく固有ベクトル $\boldsymbol{u}$ と $\boldsymbol{v}$ を基底にとる．

(3) 基底の変換を表す行列は，$\boldsymbol{u}$ と $\boldsymbol{v}$ を縦に並べて次のようになる．

$$\boldsymbol{P} = \begin{pmatrix} 3 & 1 \\ 2 & -1 \end{pmatrix} \tag{23.13}$$

(4) 行列 $\boldsymbol{P}^{-1}$ は次のように求められる．

$$\boldsymbol{P}^{-1} = \frac{1}{-5}\begin{pmatrix} -1 & -1 \\ -2 & 3 \end{pmatrix} = \frac{1}{5}\begin{pmatrix} 1 & 1 \\ 2 & -3 \end{pmatrix} \tag{23.14}$$

(5) $\boldsymbol{A}'$ は固有値を対角線に並べた対角行列ですから次のようになる．

$$\boldsymbol{A}' = \begin{pmatrix} 1 & 0 \\ 0 & 0.5 \end{pmatrix} \tag{23.15}$$

(6)

$$\boldsymbol{A}'^{10} = \begin{pmatrix} 1 & 0 \\ 0 & 0.5 \end{pmatrix}^{10} = \begin{pmatrix} 1^{10} & 0 \\ 0 & 0.5^{10} \end{pmatrix} \tag{23.16}$$

ここで，$1^{10} = 1$，$0.5^{10} = 0.000000953674 \cdots \fallingdotseq 0$ とできるので次のように簡単になる．

$$\boldsymbol{A}'^{10} = \begin{pmatrix} 1 & 0 \\ 0 & 0 \end{pmatrix} \tag{23.17}$$

(7)

$$\begin{aligned}\boldsymbol{A}^{10} &= \boldsymbol{P}(\boldsymbol{A}')^{10}\boldsymbol{P}^{-1}\\ &= \begin{pmatrix}3 & 1\\ 2 & -1\end{pmatrix}\begin{pmatrix}1 & 0\\ 0 & 0\end{pmatrix}\frac{1}{5}\begin{pmatrix}1 & 1\\ 2 & -3\end{pmatrix}\\ &= \frac{1}{5}\begin{pmatrix}3 & 1\\ 2 & -1\end{pmatrix}\begin{pmatrix}1 & 1\\ 0 & 0\end{pmatrix}\\ &= \frac{1}{5}\begin{pmatrix}3 & 3\\ 2 & 2\end{pmatrix} \qquad (23.18)\end{aligned}$$

(8) これで 10 年後の都市と農村の人口が計算できる．

$$\boldsymbol{A}^{10}\begin{pmatrix}100\\ 60\end{pmatrix} = \frac{1}{5}\begin{pmatrix}3 & 3\\ 2 & 2\end{pmatrix} = \begin{pmatrix}96\\ 64\end{pmatrix} \qquad (23.19)$$

都市の人口が 96 万人で，農村の人口が 64 万人であることがわかった．

ところで，確率推移行列の固有値は 1 つは必ず 1 であることがわかる．確率を，p と，$1-p$，もう 1 つは q と $1-q$ としてみる．

$$A = \begin{pmatrix}p & q\\ 1-p & 1-q\end{pmatrix} \qquad (23.20)$$

と置いて，固有方程式を書いてみよう．

$$\lambda^2 - (p+1-q)\lambda - p(1-q) - q(1-p) = 0 \qquad (23.21)$$

$\lambda = 1$ を代入してみると，$1-(p+1-q)-pq-q+pq = 1-p-1+q-p+pq-q+pq = 0$ となるから $\lambda = 1$ は満たしているのである．

[例題 **1**]

ある年の初めに A 市の人口が 80 万人，B 市の人口が 120 万人であった．毎年，A 市の人口の 1 割が B 市に移住し，B 市の人口の 4 割が A 市に移住するとする．10 年後の A 市と B 市の人口を求めよ．

[解] 次の手順で求めていく．

(1) 確率推移行列 $\boldsymbol{A}$ を定める．

(2) $\boldsymbol{A}$ の固有値を求める．

(3) $\boldsymbol{A}$ の固有ベクトル $\boldsymbol{u}$ と $\boldsymbol{v}$ を定める．

(4) $\boldsymbol{u}$ と $\boldsymbol{v}$ を新しい基底にとるとき，基底の変換を表す行列 $\boldsymbol{P}$ を求める．

(5) $\boldsymbol{P}$ の逆行列 $\boldsymbol{P}^{-1}$ を求める．

(6) 固有ベクトルを基底にとったので，線形変換を表す行列 $\boldsymbol{A}'$ を固有値を使って表す．

(7) $\boldsymbol{A}'^{10}$ を求める．

(8) $\boldsymbol{A} = \boldsymbol{P}\boldsymbol{A}'\boldsymbol{P}^{-1}$ から，$\boldsymbol{A}^{10}$ を求める．

(9) 20 年後の A 市と B 市の人口を求める．

(1) 確率推移行列 A は次のようになる．

$$A = \begin{pmatrix}0.9 & 0.4\\ 0.1 & 0.6\end{pmatrix} \qquad (23.22)$$

(2) A の固有値を λ とし，固有ベクトルを $\begin{pmatrix} x \\ y \end{pmatrix}$ とする．「線形変換によって方向が変わらずに長さだけが λ 倍になる」ということを式で書くと次のようになる．

$$\begin{pmatrix} 0.9 & 0.4 \\ 0.1 & 0.6 \end{pmatrix} \begin{pmatrix} x \\ y \end{pmatrix} = \lambda \begin{pmatrix} x \\ y \end{pmatrix} \tag{23.23}$$

行列のかけ算を実行し，整頓すると次の式が得られます．

$$\begin{cases} (0.9 - \lambda)x + 0.4y = 0 & \cdots ① \\ 0.1x + (0.6 - \lambda)y = 0 & \cdots ② \end{cases} \tag{23.24}$$

$x = y = 0$ 以外の解を持つ場合は，クラーメルの公式が使えない場合で，係数の行列式が 0 になる場合であった．

$$(0.9 - \lambda)(0.6 - \lambda) - 0.1 \times 0.4 = 0 \tag{23.25}$$

整頓すると次の 2 次方程式が得られる．

$$\lambda^2 - 1.5\lambda + 0.5 = 0 \tag{23.26}$$

足して 1.5，かけて 0.5 になる 2 つの数を見つけると，1 と 0.5 が見つかるであろう．

$$(\lambda - 1)(\lambda - 0.5) = 0 \tag{23.27}$$

$\lambda = 1$ と，$\lambda = 0.5$ が得られる．

(3) 〈$\lambda = 1$ のとき〉

①に代入して，$-0.1x + 0.4y = 0$, $y = \frac{1}{4}x$ となるから，固有ベクトルを一般に表すと次のようになる．

$$\begin{pmatrix} x \\ y \end{pmatrix} = \begin{pmatrix} t \\ 4t \end{pmatrix} \quad (t \text{ は任意}) \tag{23.28}$$

ここでは一番簡単な固有ベクトルを 1 つ選び，$\boldsymbol{u} = \begin{pmatrix} 4 \\ 1 \end{pmatrix}$ とする．

〈$\lambda = 0.5$ のとき〉

①に代入して，$0.4x + 0.4y = 0$，$y = -x$ となるから，固有ベクトルを一般に表すと次のようになる．

$$\begin{pmatrix} x \\ y \end{pmatrix} = \begin{pmatrix} t \\ -t \end{pmatrix} \quad (t \text{ は任意}) \tag{23.29}$$

ここでは一番簡単な固有ベクトルを 1 つ選び，$\boldsymbol{v} = \begin{pmatrix} 1 \\ -1 \end{pmatrix}$ とする．

(4) $\boldsymbol{u}$ と $\boldsymbol{v}$ を新しい基底にとるとき，基底の変換を表す行列 $\boldsymbol{P}$ は次のようになる．

$$\boldsymbol{P} = \begin{pmatrix} 4 & 1 \\ 1 & -1 \end{pmatrix} \tag{23.30}$$

(5) $\boldsymbol{P}$ の逆行列 $\boldsymbol{P}^{-1}$ は次のようになります.

$$\boldsymbol{P}^{-1} = \frac{1}{-5}\begin{pmatrix} -1 & -1 \\ -1 & 4 \end{pmatrix} = \frac{1}{5}\begin{pmatrix} 1 & 1 \\ 1 & -4 \end{pmatrix} \tag{23.31}$$

(6) 固有ベクトルを基底にとったので，線形変換を表す行列 $\boldsymbol{A}'$ は固有値を使って次のように表せる.

$$\boldsymbol{A}' = \begin{pmatrix} 1 & 0 \\ 0 & 0.5 \end{pmatrix} \tag{23.32}$$

(7)

$$\boldsymbol{A}'^{10} = \begin{pmatrix} 1 & 0 \\ 0 & 0.5 \end{pmatrix}^{10} = \begin{pmatrix} 1^{10} & 0 \\ 0 & 0.5^{10} = \begin{pmatrix} 1 & 0 \\ 0 & 0 \end{pmatrix} \end{pmatrix} \tag{23.33}$$

ただし，簡単のため $0.5^{10} \fallingdotseq 0$ としている.

(8) $\boldsymbol{A} = \boldsymbol{P}\boldsymbol{A}'\boldsymbol{P}^{-1}$ から，$\boldsymbol{A}^{10} = \boldsymbol{P}(\boldsymbol{A}')^{10}\boldsymbol{P}^{-1}$ を求めます.

$$\begin{aligned} \boldsymbol{A}^{10} &= \boldsymbol{P}(\boldsymbol{A}')^{10}\boldsymbol{P}^{-1} \\ &= \begin{pmatrix} 4 & 1 \\ 1 & -1 \end{pmatrix}\begin{pmatrix} 1 & 0 \\ 0 & 0 \end{pmatrix}\frac{1}{5}\begin{pmatrix} 1 & 1 \\ 1 & -4 \end{pmatrix} \\ &= \frac{1}{5}\begin{pmatrix} 4 & 1 \\ 1 & -1 \end{pmatrix}\begin{pmatrix} 1 & 1 \\ 0 & 0 \end{pmatrix} \\ &= \frac{1}{5}\begin{pmatrix} 4 & 4 \\ 1 & 1 \end{pmatrix} \end{aligned} \tag{23.34}$$

(9) 10 年後の A 市の人口 x_{10} と B 市の人口 y_{10} が求められる.

$$\begin{aligned} \begin{pmatrix} x_{10} \\ y_{10} \end{pmatrix} &= A^{10}\begin{pmatrix} x_0 \\ y_0 \end{pmatrix} \\ &= \frac{1}{5}\begin{pmatrix} 4 & 4 \\ 1 & 1 \end{pmatrix}\begin{pmatrix} 80 \\ 120 \end{pmatrix} \\ &= \frac{1}{5}\begin{pmatrix} 800 \\ 200 \end{pmatrix} \\ &= \begin{pmatrix} 160 \\ 40 \end{pmatrix} \end{aligned} \tag{23.35}$$

10 年後の A 市の人口が 160 万人，B 市の人口が 40 万人と求められた.

第23章　演習問題

ある国は本土と島からできていて，毎年一定の割合で本土と島の人々が互いに移住している．ある年の初めに，本土の人口が 800 万人で島の人口が 200 万人であった．毎年，本土の人口の 10%が島に移住し，島の人口の 30%が本土に移住しているものとする．10 年後の本土と島の人口を，以下の手順で求めよ．

(1) 確率推移行列 $\boldsymbol{A}$ を定める．

(2) $\boldsymbol{A}$ の固有値を求める．

(3) $\boldsymbol{A}$ の固有ベクトル $\boldsymbol{u}$ と $\boldsymbol{v}$ を定める．

(4) $\boldsymbol{u}$ と $\boldsymbol{v}$ を新しい基底にとるとき，基底の変換を表す行列 $\boldsymbol{P}$ を求める．

(5) $\boldsymbol{P}$ の逆行列 $\boldsymbol{P}^{-1}$ を求める．

(6) 固有ベクトルを基底にとったので，線形変換を表す行列 $\boldsymbol{A}'$ は固有値を使って表す．

(7) $\boldsymbol{A}'^{10}$ を求める．

(8) $\boldsymbol{A} = \boldsymbol{P}\boldsymbol{A}'\boldsymbol{P}^{-1}$ から，$\boldsymbol{A}^{10}$ を求める．

(9) 20 年後の A 市と B 市の人口を求める．

第 II 部のまとめの問題

(1) 次の 3 つの 3 次元ベクトル $\boldsymbol{a}$, $\boldsymbol{b}$, $\boldsymbol{c}$ は，1 次独立か 1 次従属か.

$$\boldsymbol{a} = \begin{pmatrix} 2 \\ -3 \\ 1 \end{pmatrix}, \quad \boldsymbol{b} = \begin{pmatrix} 0 \\ 3 \\ 1 \end{pmatrix}, \quad \boldsymbol{c} = \begin{pmatrix} 1 \\ 2 \\ 0 \end{pmatrix}$$

(2) 次の行列 $\boldsymbol{A}$ の階数はいくつか.

$$\boldsymbol{A} = \begin{pmatrix} 4 & 6 & 9 \\ -3 & 4 & 5 \\ 1 & 10 & 14 \end{pmatrix}$$

(3) 次の行列 $\boldsymbol{A}$ の逆行列 $\boldsymbol{A}^{-1}$ を求めよ.

$$\boldsymbol{A} = \begin{pmatrix} 2 & 4 & -1 \\ -3 & 5 & 0 \\ 7 & -2 & 1 \end{pmatrix}$$

(4) 次の行列 $\boldsymbol{A}$ の逆行列 $\boldsymbol{A}^{-1}$ を，行列の基本変形を用いて求めよ．求められたら検算として $\boldsymbol{A}\boldsymbol{A}^{-1} = \boldsymbol{E}$ を確かめよ.

$$\boldsymbol{A} = \begin{pmatrix} 1 & -2 & -4 \\ -3 & -1 & 0 \\ 2 & 1 & 1 \end{pmatrix}$$

(5) 古い基底を $\boldsymbol{a}$ と $\boldsymbol{b}$ とし，それから新しい基底 $\boldsymbol{a}'$ と $\boldsymbol{b}'$ を次のようにして作った.

$$\begin{cases} \boldsymbol{a}' = 4\boldsymbol{a} - 3\boldsymbol{b} \\ \boldsymbol{b}' = -5\boldsymbol{a} + 7\boldsymbol{b} \end{cases}$$

(a) 基底の変換を表す行列 $\boldsymbol{P}$ およびその逆行列 $\boldsymbol{P}^{-1}$ を求めよ.

(b) 古い基底で $\boldsymbol{x} = \begin{pmatrix} 3 \\ 2 \end{pmatrix}$ と表せ．ベクトルを新しい基底で表せ.

(c) 新しい基底で $\boldsymbol{x} = \begin{pmatrix} 2 \\ 5 \end{pmatrix}$ と表されているベクトルを古い基底で表せ.

(6) 2 次元 x 平面から 2 次元 y 平面への線形変換 $\boldsymbol{y} = f(\boldsymbol{x})$ がある．x 平面における基底 $\boldsymbol{a_1}$, $\boldsymbol{a_2}$ と，y 平面における基底 $\boldsymbol{b_1}$, $\boldsymbol{b_2}$ とを用いて成分表示すると，この線形変換は次のようになっている.

$$\begin{pmatrix} y_1 \\ y_2 \end{pmatrix}_{\{\boldsymbol{b_1},\boldsymbol{b_2}\}} = \begin{pmatrix} 3 & -2 \\ -5 & 4 \end{pmatrix}_{\{\boldsymbol{b_1},\boldsymbol{b_2}\}/\{\boldsymbol{a_1},\boldsymbol{a_2}\}} \begin{pmatrix} x_1 \\ x_2 \end{pmatrix}_{\{\boldsymbol{a_1},\boldsymbol{a_2}\}} = \boldsymbol{A} \begin{pmatrix} x_1 \\ x_2 \end{pmatrix}_{\{\boldsymbol{a_1},\boldsymbol{a_2}\}}$$

x 平面における新しい基底 $\boldsymbol{a_1'}$, $\boldsymbol{a_2'}$ と，y 平面における新しい基底 $\boldsymbol{b_1'}$, $\boldsymbol{b_2'}$ とを次のように作った.

$$\begin{cases} \boldsymbol{a}'_1 = 2\boldsymbol{a}_1 - 1\boldsymbol{a}_2 = \begin{pmatrix} 3 \\ 1 \end{pmatrix}_{\{\boldsymbol{a}_1, \boldsymbol{a}_2\}} \\ \boldsymbol{a}'_2 = 4\boldsymbol{a}_1 + 5\boldsymbol{a}_2 = \begin{pmatrix} 4 \\ 5 \end{pmatrix}_{\{\boldsymbol{a}_1, \boldsymbol{a}_2\}} \end{cases}$$

$$\begin{cases} \boldsymbol{b}'_1 = 1\boldsymbol{b}_1 + 5\boldsymbol{b}_2 = \begin{pmatrix} 2 \\ 4 \end{pmatrix}_{\{\boldsymbol{b}_1, \boldsymbol{b}_2\}} \\ \boldsymbol{b}'_2 = 3\boldsymbol{b}_1 - 2\boldsymbol{b}_2 = \begin{pmatrix} 3 \\ -2 \end{pmatrix}_{\{\boldsymbol{b}_1, \boldsymbol{b}_2\}} \end{cases}$$

新しい基底による成分を基にした線形変換を表す行列 $\boldsymbol{A}'$ を求めよ．

(7) 次のような線形変換がある．

$$\begin{pmatrix} x' \\ y' \end{pmatrix} = \begin{pmatrix} 7 & 6 \\ 5 & 10 \end{pmatrix} \begin{pmatrix} x \\ y \end{pmatrix}$$

この線形変換で方向が変わらず長さだけが何倍かになるベクトル，すなわち行列 $\begin{pmatrix} 7 & 6 \\ 5 & 10 \end{pmatrix}$ の固有ベクトルを求めよ．またそのときの長さの倍率すなわち固有値を求めよ．

(8) 次の行列 $\boldsymbol{A}$ について，以下の問いに答えよ．

$$\boldsymbol{A} = \begin{pmatrix} 6 & 1 \\ 3 & 4 \end{pmatrix}$$

(a) $\boldsymbol{A}$ の固有値を求めよ．

(b) $\boldsymbol{A}$ の固有ベクトル $\boldsymbol{u}$ と $\boldsymbol{v}$ を定めよ．

(c) $\boldsymbol{u}$ と $\boldsymbol{v}$ を新しい基底にとるとき，基底の変換を表す行列 $\boldsymbol{P}$ を求めよ．

(d) $\boldsymbol{P}$ の逆行列 $\boldsymbol{P}^{-1}$ を求めよ．

(e) 固有ベクトルを基底にとったので，線形変換を表す行列 $\boldsymbol{A}'$ は固有値を使ってどのように表されるか示せ．

(f) 上のことを，$\boldsymbol{A}' = \boldsymbol{P}^{-1}\boldsymbol{A}\boldsymbol{P}$ を実際に計算して確かめよ．

(9) 次の行列 $\boldsymbol{A}$ の 10 乗 $\boldsymbol{A}^8$ を，以下の手順で求めよ．

$$\boldsymbol{A} = \begin{pmatrix} 5 & 1 \\ 3 & 3 \end{pmatrix}$$

(a) $\boldsymbol{A}$ の固有値を求めよ．

(b) $\boldsymbol{A}$ の固有ベクトル $\boldsymbol{u}$ と $\boldsymbol{v}$ を定めよ．

(c) $\boldsymbol{u}$ と $\boldsymbol{v}$ を新しい基底にとるとき，基底の変換を表す行列 $\boldsymbol{P}$ を求めよ．

(d) $\boldsymbol{P}$ の逆行列 $\boldsymbol{P}^{-1}$ を求めよ．

(e) 固有ベクトルを基底にとったので，線形変換を表す行列 A' は固有値を使ってどのように表されるか示せ．

(f) $\boldsymbol{A}'^{8}$ を求めよ.

(g) $\boldsymbol{A}=\boldsymbol{P}\boldsymbol{A}'\boldsymbol{P}^{-1}$ から, $\boldsymbol{A}^{8}$ を求めよ.

(10) ある国は都市部と農村部からできていて, 毎年一定の割合で都市部と農村部の人々が互いに移住している. ある年の初めに, 都市部の人口が 400 万人で農村部の人口が 80 万人であった. 毎年, 都市部の人口の 30%が農村部に移住し, 農村部の人口の 20%が都市部に移住しているとする. 10 年後の都市部と農村部の人口を, 以下の手順で求めよ.

(a) 確率推移行列 A を定める.

(b) $\boldsymbol{A}$ の固有値を求める.

(c) $\boldsymbol{A}$ の固有ベクトル $\boldsymbol{u}$ と $\boldsymbol{v}$ を定める.

(d) $\boldsymbol{u}$ と $\boldsymbol{v}$ を新しい基底にとるとき, 基底の変換を表す行列 $\boldsymbol{P}$ を求める.

(e) $\boldsymbol{P}$ の逆行列 $\boldsymbol{P}^{-1}$ を求める.

(f) 固有ベクトルを基底にとったので, 線形変換を表す行列 A' を固有値を使って表す.

(g) $\boldsymbol{A}'^{10}$ を求める.

(h) $\boldsymbol{A}=\boldsymbol{P}\boldsymbol{A}'\boldsymbol{P}^{-1}$ から, $\boldsymbol{A}^{10}$ を求める.

(i) 10 年後の A 市と B 市の人口を求める.

索　引

memo

著者略歴

小林道正（こばやし みちまさ）

1942年　長野県に生まれる
1966年　京都大学理学部数学科卒業
1968年　東京教育大学大学院修士課程修了
現　在　中央大学経済学部教授
　　　　数学教育協議会委員長

〈主な著書〉

『*Mathematica* による微積分』朝倉書店，1995.
『*Mathematica* による線形代数』朝倉書店，1996.
『*Mathematica* によるミクロ経済学』東洋経済新報社，1996.
『*Mathematica* による関数グラフィックス』森北出版，1997.
『「数学的発想」勉強法』実業之日本社，1997.
『*Mathematica* 微分方程式』朝倉書店，1998.
『数学ぎらいに効くクスリ』数研出版，2000.
『*Mathematica* 確率』朝倉書店，2000.
『グラフィカル数学ハンドブックI』朝倉書店，2000.
『3日でわかる確率・統計』ダイヤモンド社，2002.
『ブラック・ショールズと確率微分方程式』朝倉書店，2003.
『よくわかる微分積分の基本と仕組み』秀和システム，2005.
『よくわかる線形代数の基本と仕組み』秀和システム，2005.
『カンタンにできる数学脳トレ！』実業之日本社，2007.
『知識ゼロからの微分積分入門』幻冬舎，2011.
『基礎からわかる数学 1. はじめての微分積分』朝倉書店，2012.

基礎からわかる数学 2
はじめての線形代数　　定価はカバーに表示

2012年 4月 10日　初版第1刷

著　者　小　林　道　正
発行者　朝　倉　邦　造
発行所　株式会社　朝　倉　書　店

東京都新宿区新小川町 6-29
郵便番号　162-8707
電　話　03（3260）0141
ＦＡＸ　03（3260）0180
http://www.asakura.co.jp

〈検印省略〉

中央印刷・渡辺製本

ISBN 978-4-254-11548-2　C 3341　　Printed in Japan